数控加工技术研究

郑琳 梁颖 康飞 ◎著

U0335593

吉林科学技术出版社

图书在版编目（CIP）数据

数控加工技术研究 / 郑琳，梁颖，康飞著. -- 长春：吉林科学技术出版社，2023.5
ISBN 978-7-5744-0495-3

Ⅰ．①数… Ⅱ．①郑… ②梁… ③康… Ⅲ．①数控机床－加工－高等职业教育－教材 Ⅳ．①TG659

中国国家版本馆 CIP 数据核字(2023)第 105681 号

数控加工技术研究

作　者　郑　琳　梁　颖　康　飞
出 版 人　宛　霞
责任编辑　赵　沫
幅面尺寸　185 mm×260mm
开　　本　16
字　　数　293 千字
印　　张　13
版　　次　2023 年 5 月第 1 版
印　　次　2023 年 5 月第 1 次印刷
出　　版　吉林科学技术出版社
发　　行　吉林科学技术出版社
地　　址　长春市净月区福祉大路 5788 号
邮　　编　130118
发行部电话/传真　0431-81629529　81629530　81629531
　　　　　　　　　81629532　81629533　81629534

储运部电话　0431-86059116
编辑部电话　0431-81629518
印　　刷　北京四海锦诚印刷技术有限公司

书　　号　ISBN 978-7-5744-0495-3
定　　价　75.00 元

版权所有 翻印必究 举报电话：0431-81629508

前　言

随着科学技术的发展，机械制造技术发生了较大的变化，数控加工技术则是促进制造技术发展的重要手段。随着智能制造技术的高速发展，数控加工技术也必将有更加广泛的应用，数控加工技术水平已成为衡量工业现代化的重要标志。

全书共分为六章。第一章数控加工与数控机床，主要介绍了数控的基本概念与数控机床的结构。第二章数控机床的伺服系统，主要介绍了开环步进式伺服系统、数控机床的检测装置、闭环进给伺服系统的工作原理与传动计算等内容。第三章数控编程基础，主要介绍了数控编程中的坐标系、原点、数控程序结构、加工用刀具、加工工艺等内容。第四章数控车床加工工艺与编程，主要介绍了数控车床的加工工艺、编程基础、车削循环指令编程、车削刀具补偿指令等内容。第五章数控铣削加工工艺与编程，主要介绍了平面铣削、轮廓铣削、槽铣削、型腔铣削的加工工艺设计及编程指令。第六章数控线切割加工工艺与编程，主要介绍了线切割机的结构、操作、加工工艺、3B 与 4B 格式程序编制等内容。

由于时间仓促，书中难免有不足和疏漏之处。我们将不断改进，也欢迎广大读者批评指正。

目　录

第一章 数控加工与数控机床

第一节 数控基本概念

一、数控机床

（一）数控

数控是数字控制（Numerical Control，NC）的简称，是利用数字化信息对机械运动及加工过程进行控制的一种方法。由于现代数控都采用了计算机进行控制，因此，也可以称为计算机数控（Computerized Numerical Control，CNC）。

数控系统是指利用数控技术实现自动控制的系统，是数控机床的核心。为了对机械运动及加工过程进行数字化信息控制，必须具备相应的硬件和软件。数控机床采用数控技术进行控制，它是一种综合应用了计算机技术、自动控制技术、精密测量技术和机床设计等先进技术的典型机电一体化产品，是现代制造技术的基础。因此，数控机床的水平代表了当前数控技术的性能、水平和发展方向。

（二）数控机床的组成

数控机床主要由六部分组成，包括控制介质、数控装置、可编程逻辑控制器（PLC）、伺服系统、机床本体和检测装置等。

1.控制介质

控制介质主要是指加工程序的载体。数控机床工作时，不需要工人直接去操作机床，要对数控机床进行控制，必须编制加工程序。零件加工程序中，包括机床上刀具和工件的相对运动轨迹、工艺参数（进给量主轴转速等）和辅助运动等。将零件加工程序用一定的格式和代码，存储在一种程序载体上，如穿孔纸带、盒式磁带、软磁盘等，通过数控机床的输入装置，将程序信息输入 CNC 单元。现在作为数控机床的组成部分，控制介质的功能已经弱化了。某些先进的数控机床将自动编程软件安装在数控装置中，可以在机床控制面板上直接进行图形编程，不再需要输入程序。

2. 数控装置

数控装置是数控机床的核心部分，相当于人的大脑。数控装置主要由输入、处理和输出三个基本部分构成。它的主要任务是通过输入装置，接收数控加工程序和各种参数，然后进行译码和运算处理，由输出部分发出两类控制量：一类是连续的控制量，发送给伺服系统，以控制机床各轴的运动；另一类是离散的开关控制量，送往可编程逻辑控制器（PLC），以控制机床的机械辅助动作。所有这些工作都由计算机的系统程序进行合理的组织，使整个系统协调地进行工作。

3. 伺服系统

伺服系统是数控机床的重要组成部分，是由伺服驱动电机和伺服驱动装置组成的，用于实现数控机床的进给伺服控制和主轴伺服控制。它接收数控装置发出的数字信号，将其转换成伺服电机的转动或移动，驱动并控制数控机床进给轴的运动和主轴的运动。伺服系统的主要部件有伺服电动机，包括步进电动机、直流伺服电动机和交流伺服电动机，还有对应的驱动电源。

4. 检测装置

检测装置是用于测量数控机床进给运动和主运动的装置，包括编码盘、光栅、磁栅和旋转变压器等。检测进给运动的装置通常用于伺服系统为闭环和半闭环控制方式的数控机床，开环控制方式的数控机床没有进给运动的检测装置。对于主运动的检测装置，通常用于数控车床，作为车螺纹的多次进刀用；对于加工中心，则用于检测主轴的准停，以实现自动换刀。

5. 机床本体

机床本体是数控机床的主体，包括床身、底座、立柱、横梁、滑座、工作台、主轴箱、进给机构、刀架及自动换刀装置等机械部件。它是在数控机床上自动地完成各种切削加工的机械部分。

6. 可编程逻辑控制器（PLC）

辅助装置是保证充分发挥数控机床功能所必需的配套装置。常用的辅助装置包括刀具自动交换装置（ATC）、工件自动交换装置（APC）、液压系统、润滑装置、冷却液装置、排屑装置等。

可编程逻辑控制器（PLC）是数控机床辅助动作的控制部件，它接收 M、S、T 功能代码信息，并对其进行译码，转换成与辅助机械动作相对应的控制信号以控制各执行部件的顺序动作，诸如主轴的启停、换刀，工件的自动夹紧与松开、液压、润滑、冷却等。

（三）数控机床的分类

数控机床的种类很多，可从不同的角度进行分类。

1. 按照加工方式分类

根据数控机床加工方式的不同，可分为以下几类：

（1）金属切削类

按照金属切削的不同方式分为数控车床、数控铣床、数控钻床、数控镗床、数控磨床、数控齿轮加工机床（数控滚齿机、数控插齿机、数控磨齿机），以及带刀库的加工中心、车削中心等。

（2）金属成形类

金属成形类数控机床采用挤、冲、压、拉等成形工艺进行金属成型加工，常用的有数控压力机、数控折弯机、数控弯管机、数控旋压机和数控冲床等。

（3）特种加工类

数控特种加工机床有数控电火花线切割机床、数控电火花穿孔加工机床和数控激光切割机、数控火焰切割机等。

（4）其他类

采用数控技术的非加工设备有多坐标测量机、自动装配机、自动绘图机、工业机器人等。

2. 按照控制刀具运动轨迹分类

根据刀具的运动轨迹可以分为以下三类：

（1）点位控制类

点位控制数控机床只能控制刀具点对点的运动，即从一个点准确地移动到另一个点，而不控制移动的轨迹，在移动和定位过程中不进行任何加工。这个轨迹通常是折线。这类机床主要有数控坐标镗床、数控钻床、数控冲床、数控电焊机等。

（2）点位直线控制类

点位直线控制数控机床可控制刀具点对点的运动和刀具平行于各轴进给方向的直线运动。它可准确地控制点的坐标和直线运动的速度及路线，在机床移动部件时进行切削加工。这类机床主要有数控坐标车床、数控磨床、数控镗铣床等。

（3）轮廓控制类

轮廓控制是指数控机床可以控制刀具按照工件的轮廓进行加工，即可以同时控制两个或两个以上轴的运动，也叫作二坐标、三坐标、四坐标、五坐标，甚至六坐标联动或更多的坐标联动加工。目前实际应用最多的是五坐标联动加工，它可控制刀具在轮廓每一点上的速度和位置。这种控制方式比较复杂，通常用于数控车床、数控铣床、数控加工中心、数控特种加工机床等。

目前，随着数控技术的发展，采用轮廓控制方式的数控机床越来越多，简易数控机床越来越少。一般生产线上的某道工序加工用简易数控机床，相当于数控专用机床，采用点位控制或点位直线控制方式。工厂新进的或正在使用的数控机床，绝大多数都为轮廓控制类数控机床，尤其是现在的数控系统为计算机数控（CNC），使轮廓控制变得更加容易。

3. 按照伺服系统控制方式分类

数控机床按照伺服系统的控制方式可分为开环控制、闭环控制和半闭环控制三类。

（1）开环控制类

开环控制类数控机床是指没有位置检测装置的数控机床。这类机床不带位置检测反馈装置，通常用步进电动机作为执行机构。这类数控机床的控制精度取决于步进电动机的步距精度和机械传动的精度。其控制线路简单，调节方便，精度较低（一般可以达到 ±0.02 mm），制造成本低，通常用于简易数控机床或小型机床。

（2）闭环控制类

闭环控制类数控机床是指有位置检测装置的机床，且检测的信息为工作台或刀架的位移量。这类数控机床带有位置检测反馈装置，其位置检测反馈装置采用直线位移检测元件，直接安装在机床的移动部件上，将测量结果直接反馈到数控装置中，与设定的指令值进行比较后，利用其差值控制伺服电动机，直至差值为零，最终实现精确定位。这类数控机床控制精度高，可达 0.001 ~ 0.003 mm，但制造成本高，维修复杂，通常用于一些高精度的数控机床，如数控加工中心、数控车削中心等。

（3）半闭环控制类

半闭环控制类数控机床是指有位置检测装置的机床，但是检测元件（如感应同步器或光电编码器等）安装在伺服电动机的轴上或滚珠丝杠的端部，检测的信息不是工作台或刀架的位移量，而是丝杠或伺服电动机的角位移量。由于大部分机械传动环节未包括在系统闭环环路内，因此可获得较稳定的控制特性。其控制精度虽不如闭环控制数控机床，但调试比较方便，因而被广泛采用。因此，多数数控机床属于此类控制方式。

4. 按照联动坐标数分类

数控机床控制的联动坐标数目是指数控装置能同时控制的由几个伺服电动机同时驱动的机床移动部件的运动坐标数目。联动坐标控制数分类主要有：两轴联动数控机床、两轴半联动数控机床、三轴联动数控机床、四轴联动数控机床和五轴联动数控机床。

（1）两轴联动数控机床：能同时控制两个坐标轴联动的数控机床。如数控车床可同时控制 X、Z 两轴联动。

（2）两轴半联动数控机床：有三个坐标轴，但是只能同时控制两个坐标轴联动，第三个坐标轴仅能做等距的周期移动。

（3）三轴联动数控机床：能同时控制三个坐标轴联动的数控机床。

（4）四轴联动数控机床：能同时控制 X、Y、Z 三个直线轴与一个旋转轴联动的数控机床。

（5）五轴联动数控机床：能同时控制 X、Y、Z 三个直线轴与两个旋转轴联动的数控机床，是功能最全、控制最复杂的一种数控机床。

二、数控机床加工

（一）数控机床加工过程

数控机床加工过程是指用数控机床完成一个零件由毛坯到成品的工艺过程。数控机床加工过程和普通机床加工过程有非常相似之处，二者主要是在编程和操作上有一些区别。

数控机床加工过程比普通机床加工过程多了几个环节，即编制加工程序（包括切削仿真）、输入程序、建立工件坐标系，只要在普通机床加工的基础上掌握这几个环节，就可掌握数控机床的加工。

（二）数控机床的特点

数控机床是高精度、高效率的机床，其特点非常突出，主要有以下四方面：

1. 适应性强

即柔性化程度高。柔性是指数控机床随生产对象变化而变化的适应能力。在数控机床上改变加工零件时，只须重新编制程序，输入新的程序后就能实现对新零件的加工，而不须改变机械部分和控制部分的硬件，且生产过程是自动完成的。这就为复杂结构零件的单件、小批量生产，以及试制新产品提供了极大的方便。适应性强是数控机床最突出的优点，也是数控机床得以生产和迅速发展的主要原因。

2. 精度高

数控机床的各轴移动由数控装置控制伺服系统，通过伺服电动机传动机构驱动各轴进给。数字信号可以使进给的位移量细分成很小的值，如一般常用的数控机床最小计数单位为 0.001 mm，故可以获得极高的加工精度。此外，数控机床的传动系统与机床结构都具有很高的刚度和热稳定性。通过补偿技术，数控机床可获得比本身精度更高的加工精度，尤其提高了同一批零件生产的一致性，产品合格率高，加工质量稳定。

3. 生产效率高

零件加工所需的时间主要包括机动时间和辅助时间两部分。数控机床主轴的转速和进给量的变化范围比普通机床大，因此数控机床每一道工序都可选用最有利的切削用量。由于数控机床结构刚性好，因此允许进行大切削用量的强力切削，这就提高了数控机床的切削效率，节省了机动时间。数控机床的移动部件空行程运动速度快，工件装夹时间短，刀具可自动更换，辅助时间比一般机床大为减少。

数控机床更换被加工零件时几乎不需要重新调整机床，节省了零件安装调整时间。数控机床加工质量稳定，一般只做首件检验和工序间关键尺寸的抽样检验，因此节省了停机检验时间。在加工中心机床上加工时，一台机床实现了多道工序的连续加工，生产效率的提高更为显著。

4.零件结构复杂

数控机床可以实现多轴联动加工，一般机床多可以二三轴联动，高档次的机床可以进行四五轴联动，能加工复杂的螺旋桨、汽轮机叶片等空间曲面类零件。

三、数控系统

（一）数控系统基本原理

数控系统是数控机床的核心部件，通常由数控装置和伺服系统组成（有的书中定义为数控装置）。数控系统的作用是输入程序，编译、运算，输出信号给伺服系统。伺服系统由伺服控制单元、驱动单元、伺服电动机、传动机构、速度反馈单元、位置反馈单元组成，其作用为接收数控装置发来的信号，输出电机的转动或移动，驱动机床完成加工。数控装置的基本组成为微机基本系统和接口电路，伺服系统的基本组成为速度伺服单元和伺服电动机。

（二）常用数控系统

目前，大多数数控机床用的是进口的数控系统，其中用得较多的是德国西门子公司的 SINUMERIK 系列（如 SINUMERIK802S、SINUMERIK802D、SINUMERIK810D、SINUMERIK840C、SINUMERIK840D 等）、日本发那科公司的 FANUC 系列（如 FANUC-0MC、FANUC-0i、FANUC-16i、FANUC-18i、FANUC-2li 等）及德国海德汉 Heidenhain、日本三菱系统等。除此之外，还有一些国产的数控系统，如华中数控（如华中世纪星 HNC-22T/M）、广州数控（如广州数控 GSK980TD）等。这些数控系统主导了几乎所有数控机床的数控系统，高档的数控机床，如四五轴联动的数控铣床或加工中心，多使用 SINUMERIK840C、SINUMER1K840D、FANUC-21i、FANUC-30i、FANUC31i、FANUC32i 等系统；中档的有国产的和进口的，如 FANUC-0i、FANUC-OT、FANUC-OM、SINUMERIK 810D、SINUMERIK802D 等；低档的有 SINUMERIK802S、FANUC-OT、FANUC-OM、HNC-22THNC-22MM、GSK980TD 等。

数控系统有不同的品牌、不同的种类，其指令代码中的基本代码也不完全相同。数控系统之间的不同指令对学习编程是一大障碍，因为学习的数控系统如果和操作使用的数控系统不一样，则编好的程序在数控系统不相同的机床上将不能使用。因此，在数控机床实际编程时，要遵循一个前提：编程前一定要仔细阅读机床编程说明书。这样才能保证所编程序与机床数控系统相适应，不会因为指令错误而发生加工错误。

（三）数控机床的产生与发展

在 20 世纪 40 年代，随着科学技术和社会生产的发展，机械产品的形状和结构不断改进，对零件的加工质量要求越来越高，零件的形状越来越复杂，传统的机械加工方法已无法达到零件要求，迫切需要新的加工方法的出现。1948 年，美国帕森斯（Parsons）公司在研制加工直升机叶片轮廓检查用样板的加工机床时，首先提出了数控机床的初始设想。后来由美国空军委托帕森斯公司和麻省理工学院进行数控机床的研制工作，历时三年，于1952 年试制成功世界上第一台数控机床——三坐标联动立式数控铣床。此次，机械加工方法登上了机电一体化的新台阶，机械加工行业进入了一个新的天地。

第一台数控机床所用的数控系统采用的是电子管元件，被称为第一代数控系统，时间在 20 世纪 50 年代初期。第二代数控系统进入晶体管时代，用的都是晶体管，时间在 50年代末期。第三代数控系统用的是小规模集成电路，时间在 60 年代中期。以上数控系统都是采用硬件控制，称为普通数控（NC）系统。第四代数控系统采用小型计算机作为控制系统，用软件控制，称为计算机数控（CNC）系统，时间在 70 年代初期。第五代数控系统采用微处理机技术，称为微机数控（MNC）系统，时间在、70 年代中期。数控系统发展到今天，由于微处理芯片的不断发展，数控系统的功能越来越强，价格越来越便宜，数控机床的应用越来越普及。

数控机床的功能越来越强，从单一功能到复合功能，从数控车床到车削中心，从数控铣床到加工中心，从单轴到多轴，从立式或卧式到立卧转换，以至于到车铣中心。目前，数控机床正朝着高速度、高精度、高可靠性、多功能、智能化、集成化、网络化及开放性等技术方向发展。

第二节　数控机床的结构

一、数控机床机械结构的组成和特点

典型数控机床的机械结构主要由基础件、主传动系统、进给传动系统、回转工作台、自动换刀装置及其他机械功能部件等几部分组成。

（一）基础件

数控机床的基础件通常是指床身、立柱（或横梁）、工作台、底座等结构件，是机床的基本框架。其他部件附着在基础件上，有的部件还需要沿着基础件运动。由于基础件起着支承和导向的作用，因而对基础件的基本要求是刚度好。此外，由于基础件通常固有频率较低，在设计时，还希望它的固有频率能高一些，阻尼能大一些。

（二）主传动系统

和传统机床一样，数控机床的主传动系统将动力传递给主轴，保证系统具有切削所需要的转矩和速度。但由于数控机床具有比传统机床更高的切削性能，因而要求数控机床的主轴部件具有更高的回转精度、更好的结构刚度和抗震性能。由于数控机床的主传动常采用大功率的变速电动机，因而主传动链比传统机床短，不需要复杂的变速机构。由于自动换刀的需要，具有自动换刀功能的数控机床主轴在内孔中需要有刀具自动松开和夹紧装置。

（三）进给传动系统

数控机床的进给传动机械结构是直接接收计算机发出的控制指令，实现直线或旋转运动的进给和定位，对机床的运行精度和质量影响最明显。因此，对数控机床传动系统的主要要求是精度、稳定性和快速响应的能力，即要求它能尽快根据控制指令，稳定地达到所需的加工速度和位置精度，并尽量少地出现振荡和超调现象。

（四）回转工作台

根据工作要求可将回转工作台分成两种类型，即数控转台和分度转台。数控转台在加工过程中参与切削，相当于进给运动坐标轴，因而对它的要求和进给传动系统的要求是一样的。分度转台只完成分度运动，其主要具备分度精度指标和在切削力作用下保持位置不变的能力。转塔刀架在原理与结构上都和分度转台类似。

（五）自动换刀装置

为了在一次安装后能尽可能多地完成同一工件不同部位的加工要求，并尽可能减少数控机床的非故障停机时间，数控加工中心的机床常具有自动换刀装置和自动化托盘交换装置。对自动换刀装置的基本要求主要是结构简单、工作可靠。

（六）其他机械功能部件

这主要指润滑、冷却、排屑和监控机构。由于数控机床是生产效率极高并可以长时间实现自动化加工的机床，因而润滑、冷却、排屑问题比传统机床更为突出。大切削量的加工需要强力冷却和及时排屑，冷却不足或排屑不畅会严重影响刀具的寿命，甚至使得加工无法继续进行。大量冷却与润滑的作用还对系统的密封和防漏提出了更高的要求，从而导致半封闭、全封闭结构的机床出现。

为满足数控机床的高速度、高精度、高生产率、高可靠性和高自动化程度的要求，在设计和制造数控机床的过程中，在机床的机械传动和结构方面采取了许多相应的措施，这就使得数控机床与同类的普通机床在结构上虽然十分相似，但两者之间实际存在很大的差异。这些差异主要包括：

1. 机床的支承件应有更高的静、动刚度，以及更好的抗震性。

2. 采用在效率、刚度、精度等方面较优良的传动副，如滚珠丝杠－螺母副、静压丝杠－螺母副等。

3. 采用消除间隙的传动副，以消除传动链中反向空行程死区，提高伺服性能。

4. 采用自动换刀和自动更换工件装置，以减少停机时间。

5. 采用多主轴、多刀架的结构，以提高单位时间的切削效率。

6. 采用自动排屑、自动润滑和冷却等装置。

7. 采取措施减小机床的热变形，保证机床的精度稳定，获得可靠的加工质量。

二、提高机床的结构刚度

根据床身所受载荷性质的不同，床身刚度分为静刚度和动刚度。床身的静刚度包括支承件的自身机构刚度、局部刚度和接触刚度，静刚度直接影响机床的加工精度及其生产率。动刚度直接反映机床的动态特征，其表征机床在交变载荷作用下所具有的抵抗变形的能力和抵抗受迫振动及自振动的能力。静刚度和固有频率是影响动刚度的重要因素。数控机床要求具有更高的静刚度和动刚度。

机床在加工过程中，承受各种外力的作用。承受的静态力有运动部件和工件的自重，承受的动态力有切削力、驱动力、加速和减速所引起的惯性力、摩擦阻力等。机床的各个部件在这些力的作用下，将产生变形。如固定连接表面或运动啮合表面的接触变形，各支承零部件的弯曲和扭转变形，以及某些支承件的局部变形等，这些变形都会直接或间接地影响刀具和工件之间的相对位移，从而导致工件的加工误差，或者影响机床切削过程的特性。

由于加工状态的瞬时多变，情况复杂，通常很难对结构刚度进行精确的理论计算。设计者只能用计算方法计算部分构件（如轴、丝杠等）的刚度，而对床身、立柱、工作台和箱体等零件的弯曲和扭转变形，接合面的接触变形等，只能将其简化后进行近似计算，其计算结果往往与实际相差很大，故只能作为定性分析的参考。近年来，在机床设计中也开始采用有限元法进行计算，但是一般来讲，在设计时仍然需要对模型、实物或类似的样机进行试验、分析和对比，以确定合理的结构方案。尽管如此，遵循下述原则和措施，仍可以合理地提高机床的结构刚度。

（一）合理选择构件的结构形式

1. 正确选择截面的形状和尺寸

构件在承受弯曲和扭转载荷后，其变形大小取决于断面的抗弯和扭转惯性矩，抗弯和扭转惯性矩大的其刚度就高。形状相同的截面，当保持相同的截面面积时，应减小壁厚，加大截面的轮廓尺寸；圆形截面的抗扭刚度比方形截面的大，抗弯刚度则比方形截面的小，封闭式截面的刚度比不封闭式截面的刚度大很多；壁上开孔将使刚度下降，在孔周加上凸缘可使抗弯刚度得到恢复。

2. 合理选择及布置隔板和筋条

隔板的作用是将支承板的局部载荷传递给其他壁板，从而使整个支承件承受载荷，提高支承件的自身刚度。合理布置承重件的隔板和筋条，可提高构件的静、动刚度，其中以蜂窝状加强筋较好。

最常见的隔板形状为 T 形、门形、W 形等。

T 形隔板连接可提高水平面抗弯刚度，但对提高垂直面抗弯刚度和抗扭刚度不显著，多用在刚度要求不高的床身上。

门形隔板具有一定的宽度 b 和高度 h，在垂直面和水平面上的抗弯刚度比 T 形的好，制造工艺性也比较好，在很多大型车床上都可以看到。

W 形隔板能较好地提高水平面上的抗弯、抗扭刚度，对中心距超过 1500 mm 的长床身效果最为显著。

斜向拉筋，床身刚度最高，排屑容易。

3. 提高构件的局部刚度

机床的导轨和支承件的连接部件，往往是局部刚度最弱的部分，但是连接方式对局部刚度的影响很大，须增加导轨与支承件的连接部分的刚度。支承件在连接处抵抗变形的能力，称为支承件的连接刚度。当导轨的尺寸较宽时，应用双壁连接形式；当导轨较窄时，可用单壁或加厚的单壁连接，或者在单壁上增加垂直筋条以提高刚度。

4. 增加机床各部件的接触刚度和承载能力

在机床各部件的固定连接面和运动副的结合面之间，总会存在宏观和微观不平，两个面之间真正接触的只是一些高点，实际接触面积小于两接触表面的面积，因此，在承载时，作用于这些接触点的压强要比平均压强大得多，从而产生接触变形。由于机床总有为数较多的静、动连接面，如果不注意提高接触刚度，则各连接面的接触变形就会大大降低机床的整体刚度，对加工精度产生非常不利的影响。

影响接触刚度的根本因素是实际接触面积的大小，任何增大实际接触面积的方法都能有效地提高接触刚度。如机床的导轨铸件常采用人工铲刮工艺作为最终的精加工工序，通过刮研可以增加单位面积上的接触点，并使接触点分布均匀，从而增加导轨副接合面的实际接触面积，提高接触刚度；又如采用滚动轴承作为支承的主轴部件，都要设计预紧结构来调整轴承间隙，使轴承在有预加载荷的条件下运转，以提高主轴的支承刚度。预加载荷增大了实际接触点的面积，从而达到提高接触刚度的目的；采用螺纹紧固的固定连接面，合理布置一定数量的螺栓，并对螺栓的拧紧力矩提出严格要求以保证适当的预紧力，也是为提高接触刚度而常采用的措施。

5. 采用钢板焊接结构

机床的床身、立柱等支承件，采用钢板和型钢焊接而成，具有减小质量提高刚度的显著优点。钢的弹性模量约为铸铁的 2 倍，在形状和轮廓尺寸相同的前提下，如要求焊接件与铸件的刚度相同，则焊接件的壁厚只需铸件的 1/2；如果要求局部刚度相同，则因局部刚度与壁厚的三次方成正比，所以焊接件的壁厚只需铸件壁厚的 80% 左右。此外，无论是刚度相同以减轻质量，或者质量相同以提高刚度，都可以提高构件的谐振频率，使共振不易发生。用钢板焊接有可能将构件做成封闭的箱形结构，从而有利于提高构件的刚度。所以，近年来以钢板焊接结构代替铸铁件的趋势不断扩大，从开始在单件与小批量的重型和超重型机床上的应用，逐步发展到有一定批量的中型机床。

（二）合理的结构布局可以提高刚度

机床的总体布局直接影响到机床的结构和性能。合理选择机床布局，不但可以使机械结构更简单、合理、经济，而且能提高机床刚度，改善机床受力情况，提高热稳定性和操作性能，使机床满足数控化的要求。

数控机床的拖板或工作台，由于结构尺寸的限制，厚度尺寸不能设计得太大，但是宽度或跨度又不能减小，因而刚度不足。为弥补这个缺陷，除主导轨外，在悬伸部位增设辅助导轨，可大大提高拖板或工作台的刚度。

（三）采取补偿构件变形的结构措施

当测量机床着力点的相对变形的大小和方向，或者预知构件的变形规律时，可以采取相应的措施来补偿变形以消除其影响，补偿的结果相当于提高了机床的刚度。大型龙门铣床与主轴部件移到横梁的中部时，横梁的弯曲变形最大。为此，可将横梁导轨做成"拱形"，即中部为凸起的抛物线形，可使其变形得到补偿。或者通过在横梁内部安装的辅助横梁和预校正螺钉对主导轨进行预校正，也可以用加平衡重的办法，减少横梁同主轴箱自重而产生的变形。落地铣床主轴套筒伸出时的自重下垂，卧式铣床主轴滑枕伸出时的自重下垂，均可用加平衡重的办法来减少或消除其下垂。

三、数控机床主轴部件

主轴部件是机床的一个关键部件，它包括主轴的支承、安装在主轴上的传动零件等。主轴部件质量的好坏直接影响加工质量。

（一）主轴部件的结构设计

1. 主轴端部的结构形状

主轴的轴端用于安装夹具和刀具，要求夹具和刀具在轴端定位精度高、定位刚度好、装卸方便，同时使主轴的悬伸长度短。在设计要求上，应能保证定位准确、安装可靠、连接牢固、装卸方便，并能传递足够的扭矩。主轴端部的结构形状都已标准化。

数控车床的主轴端部结构一般采用短圆锥法兰盘式。短圆锥法兰结构有很高的定心精度，主轴的悬伸长度短，大大提高了主轴的刚度。

2. 主轴部件的支承

机床主轴带着刀具或夹具在支承中做回转运动，能传递切削扭矩，承受切削抗力，并保证必要的旋转精度。

（1）主轴部件常用滚动轴承的类型

包括锥孔双列圆柱滚子轴承、双列推力向心球轴承、双列圆锥滚子轴承、带凸肩的双列圆锥滚子轴承等。

①锥孔双列圆柱滚子轴承，内圈为 1：12 的锥孔，当内圈沿锥形轴做轴向移动时，内圈胀大，可以调整滚道间隙。特点：滚子数量多，两列滚子交错排列，因此承载能力大，刚性好，允许转速较高。但它对箱体孔、主轴颈的加工精度要求高，且只能承受径向载荷。

②双列推力向心球轴承，接触角为 60°。这种轴承的球径小，数量多，允许转速高，轴向刚度较高，能承受双向载荷。该种轴承一般与双列圆柱滚子轴承配套用作主轴的前支承。

③双列圆锥滚子轴承。这种轴承的特点是内、外列滚子数量相差一个，能使振动频率不一致，因此，可以改善轴承的动态性能。该轴承可以同时承受径向载荷和轴向载荷，通常用作主轴的前支承。

④带凸肩的双列圆锥滚子轴承。这种轴承的结构和双列圆锥滚子轴承相似，特点是滚子做成空心，因此能进行有效润滑和冷却；此外，还能在承受冲击载荷时产生微小变形，增加接触面积，起到有效的吸振和缓冲作用。常见滚动轴承的性能比较见表 1-1。

表 1-1　滚动轴承性能比较

轴承名称	极限转速	刚度	强度	温升
向心球轴承	高	中	低	低
角接触球轴承	高	中高	低	低
圆锥滚子轴承	中低	中高	较大	高
推力轴承	低	轴向高	较大	中
圆柱滚子轴承	中	高	中	中高

（2）滚动轴承的精度

主轴部件所用滚动轴承的精度有：高级 E、精密级 D、特精级 C 和超精级 B。前轴承的精度一般比后支承的精度高一级，也可以用相同的精度等级。普通精度的机床通常前支承取 C、D 级，后支承用 D、E 级。特高精度的机床前后支承均用 B 级精度。

3. 主轴滚动轴承的配置

合理配置轴承，对提高主轴部件的精度和刚度、降低支承温升、简化支承结构有很大的作用。主轴的前后支承均应有承受径向载荷的轴承，承受轴向力的轴承的配置主要根据主轴部件的工作精度、刚度、温升和支承结构的复杂程度等因素来决定。

一般中、小型数控机床的主轴部件多数采用滚动轴承作为主轴支承，目前主要有以下四种配置方式：

①前支承采用双列短圆柱滚子轴承和 60° 角接触双列推力向心球轴承组合。此配置方式可承受径向载荷和轴向载荷，后支承为成对的推力角接触球轴承，从而使主轴的综合刚度大幅度提高，可以满足强力切削的要求，普遍应用于各类数控机床。这种配置的后轴承也可采用圆柱滚子轴承，进一步提高后支承的径向刚度。

②前支承采用成组推力角接触球轴承，承受径向载荷和轴向载荷，后支承采用双列圆柱滚子轴承。这种配置具有良好的高速性能（主轴最高转速可达 4000 r/min 以上），主轴部件的精度也较好，适用于高速、重载的主轴部件。

③前、后支承采用高精度双列推力向心球轴承。双列推力向心球轴承具有良好的高速性能，主轴最高转速可达 4000 r/min，但其承载能力小，仅适用于高速、轻载和精密的数控机床的主轴。为提高这种配置方式的主轴刚度，前支承可以用四个或更多的轴承组合，后支承用两个轴承组合。

④前、后支承采用双列和单列圆锥滚子轴承。这种轴承能承受较大的径向力和轴向力，使主轴能承受重载荷，尤其是承受较强的动载荷，且刚度好，安装和调试性能好。但这种配置限制了主轴的最高转速和精度，只适用于中等精度、低速与重载的数控机床主轴。

4. 主轴滚动轴承的预紧

为了提高轴承的旋转精度，增加轴承装置的刚性，减少机床工作时轴的振动，常采用预紧的滚动轴承。主轴轴承的内部间隙必须能够调整，多数轴承还应在过盈状态下工作，使滚动体与滚道之间有一定的预变形，这就是轴承的预紧。

轴承预紧后，内部无间隙，滚动体从各个方向支承主轴，有利于提高运动精度。滚动体的直径不可能绝对相等，滚道也不可能绝对正圆，因而预紧前只有部分滚动体与滚道接触。预紧后，滚动体和滚道都有了一定的变形，参加工作的滚动体将更多，各滚动体的受力将更为均匀，这些都有利于提高轴承的精度、刚度和寿命。如主轴产生振动，则由于各个方面都有滚动体支承，可以提高抗震性，但是，预紧后发热较多，温升较高，且太大的预紧将使寿命下降，故预紧要适量。

①双列圆柱滚子轴承的预紧。这种轴承是靠内孔的锥面，使内圈径向胀大实现预紧的，故称径向预紧。衡量预紧量大小的是滚子包络圆直径 D_2 与外圈滚道直径 D_1 之差 $\triangle = D_2 - D_1$。将 $\triangle$ 称为径向预紧量或简称预紧量，单位为 μm。装配时，把外圈装入壳体孔内，测出 D_1。先不装隔套，把内圈装上主轴，拧动螺母，用专门的包络圆测量仪测量滚动体的包络圆直径，直到使它比 D_1 大 $\triangle$，测出距离 t，按 t 值研磨隔套的厚度。装上隔套，拧紧螺母，便可得到预定的预紧量。

②角接触轴承的预紧。这种轴承是在轴向力 F_{a0} 的作用下，使内、外圈产生轴向错位以实现预紧。衡量预紧大小的是轴向预紧力 F_{a0}，简称预紧力，单位为 N。多联角接触球轴承是根据预紧力组配的。轴承厂规定了轻预紧、中预紧、重预紧几级预紧。订货时可指定预紧级别。轴承厂在内圈（背靠背组配）或外圈（面对面组配）的端面根据预紧力磨去 δ。装配时通过挤压便可得到预定的预紧力，如果两个轴承间须隔开一定的距离，可在两轴承之间加入厚度相同的内、外隔套，在轴向载荷作用下，不受力侧轴承的滚动体与滚道不能脱离接触。满足这个条件的最小预紧力，双联组配为最大轴向载荷的 35%（近似地取 1/3），三联组配为 24%（近似地取 1/4）。

5. 主轴的材料和热处理

主轴材料的选择主要根据刚度、载荷特点、耐磨性和热处理变形大小等因素确定。主轴材料常采用的有 45 钢、38CrMoAlA、GCr15、9Mn2V，须经渗氮和感应淬火。

（二）立式加工中心主轴部件

立式加工中心主轴箱的主轴为中空外圆柱零件，前端装定向键，与刀柄配合部位采用 7：24 的锥度。为了保证主轴部件刚度，前支承由三个 C 级向心推力角接触球轴承组成，前两个大口朝上，承受切削力，提高主轴刚度，后一个大口朝下，后支承采用两个 D 级向心推力角接触球轴承，小口相对，后支承仅承受径向载荷，故外圈轴向不定位。轴承采用油脂润滑。

刀具自动拉紧与松开机构及切屑清除装置装在主轴内孔中，刀具自动拉紧与松开机构由拉杆和头部的四个 5/16 英寸（1 英寸 =25.4 mm）钢球、蝶形弹簧、活塞和圆柱螺旋弹簧组成。夹紧时，活塞的上端无油压，弹簧使活塞向上移。蝶形弹簧使拉杆上移，钢球进入刀杆尾部拉钉的环形槽内，将刀杆拉紧。当须松开刀柄时，液压缸的上腔进油，活塞向下移动压缩弹簧，并推动拉杆向下移动。与此同时，蝶形弹簧被压缩。钢球随拉杆一起向下移动。移至主轴孔径较大处时，便松开刀杆，刀具连同刀杆将一起被机械手拔出。

刀柄夹紧机构采用弹簧夹紧、液压放松，以保证在工作中如果突然停电，刀柄不会自行松脱。

活塞杆孔的上端接有压缩空气。机械手把刀具从主轴中拔出后，压缩空气通过活塞杆和拉杆的中孔，把主轴锥孔吹净。

行程开关用于发出夹紧和松开刀柄的信号。

该机床用钢球拉紧刀柄，此拉紧方法的缺点是接触应力太大，易将主轴孔和刀柄压出坑痕，改进后的刀杆拉紧机构采用弹力卡爪。卡爪由两瓣组成，装在拉杆的下端。夹紧刀具时，拉杆带动弹力卡爪上移，卡爪下端的外周是锥面，与锥孔相配合使卡爪收紧，从而卡紧刀柄。这种卡爪与刀柄的接合面刀与拉力垂直，故拉紧力较大。卡爪与刀柄为面接触，接触应力较小，不易压溃。

活塞对蝶形弹簧的压力如果作用在主轴上，并传至主轴的支承，使主轴承受附加的载荷，这样不利于主轴支承的工作。因此采用了卸荷结构，使对蝶形弹簧的压力转化为内力，不致传递到主轴的支承上去。

油缸体与连接座固定在一起，但是连接座由螺钉通过弹簧压紧在箱体的端面上，与箱孔为滑动配合。当油缸的右端通入高压油使活塞杆向左推压拉杆并压缩蝶形弹簧的同时，油缸的右端面也同时承受相同的液压力。故此，整个轴缸连同连接座压缩弹簧而向右移动，使连接座上的垫圈的右端面、主轴上的螺母的左端面压紧，因此，松开刀柄时对蝶形弹簧的液压力就成了在活塞与油缸体、连接座、垫圈、螺母蝶形弹簧、套环、拉杆之间的内力，从而使主轴支承不致承受液压推力。

（三）主轴的准停装置

为了保证刀具在主轴中的准确定位，提高机床的工作效率和自动化程度，多数数控机床具有主轴准停功能。所谓准停，就是当主轴停转进行刀具交换时，主轴须停在一个固定不变的方位上，因而保证主轴端面的键也在一个固定的方位，使刀柄上的键槽能恰好对正端面键。

目前准停装置很多，主要分为电气定向式和机械控制式两种形式。

1.电气定向式主轴准停装置

现代的数控机床一般都采用电气定向式主轴准停装置，这种准停装置结构简单，动作迅速、可靠，精度和刚度较高。在主轴上或与主轴有传动联系的传动轴上安装位置编码器或磁性传感器，配合直流或交流调速电机实现纯电气定向准停。在多楔带轮的端面上装有一个厚垫片，垫片上装有一个体积很小的永久磁铁，在主轴箱箱体对应于主轴准停的位置上装有磁传感器。当接到主轴停转的指令后，主轴立即以最低转速转动；当永久磁铁对准磁传感器时，磁传感器立即发出准停信号，信号放大后，由定向电路控制主轴电动机准确地停止在规定的周向位置上。

2.机械控制式主轴准停装置

机械控制式主轴准停装置采用机械凸轮机构或光电盘方式进行粗定位，然后由一个液动或气动的定位销插入主轴上的销孔或销槽实现精确定位，完成换刀后定位销退出，主轴才开始旋转。这种传统方法定位比较可靠、精确，但结构复杂，在早期数控机床上使用较多。

四、进给系统的机械传动结构

（一）进给运动的要求

数控机床进给系统的机械传动结构，包括引导和支承执行部件的导轨、丝杠螺母副、齿轮齿条副、蜗杆蜗轮副、齿轮或齿链副及其支承部件等。数控机床的进给运动是数字控制的直接对象，不论点位控制还是轮廓控制，被加工工件的最终坐标位置精度和轮廓精度都与其传动结构的几何精度、传动精度、灵敏度和稳定性密切相关。为此，数控机床的进给系统应充分注意减小摩擦阻力，提高传动精度和刚度，减小运动部件惯量等。

1.减小摩擦阻力

为了提高数控机床进给系统的快速响应性能和运动精度，必须减小运动件的摩擦阻力和动、静摩擦力之差。为满足上述要求，在数控机床进给系统中，普遍采用滚珠丝杠螺母副、静压丝杠螺母副、滚动导轨、静压导轨和塑料导轨。在减小摩擦阻力的同时，还必须考虑传动部件要有适当的阻尼，以保证系统的稳定性。

2.提高传动精度和刚度

进给传动系统的传动精度和刚度，从机械结构方面考虑，主要取决于传动间隙，以及丝杠螺母副、蜗轮蜗杆副（圆周进给时）及其支承结构的精度和刚度。传动间隙主要来自传动齿轮副、蜗轮蜗杆副、丝杠螺母副及其支承部件之间，应施加预紧力或采取消除间隙的措施。缩短传动链和在传动链中设置减速齿轮，也可提高传动精度。加大丝杠直径，以及对丝杠螺母副、支承部件、丝杠本身施加预紧力，是提高传动刚度的有效措施。刚度不足还会导致工作台（或拖板）产生爬行和振动。

3. 减小运动部件惯量

运动部件的惯量对伺服机构的启动和制动特性都有影响，尤其是处于高速运转的零部件，其惯量的影响更大。因此，在满足部件强度和刚度的前提下，应尽可能减小运动部件的质量，减小旋转零件的直径和质量，以减小运动部件的惯量。

（二）电动机与丝杠间的连接

数控机床进给传动对位置精度、快速响应性能、调速范围等有较高的要求。实现进给传动的电动机主要有三种：步进电动机、直流伺服电动机和交流伺服电动机。目前，步进电动机只用于经济型数控机床，直流伺服电动机在我国正广泛使用，交流伺服电动机作为比较理想的传动元件正逐步替代直流伺服电动机。当数控机床的进给系统采用不同的传动元件时，其传动结构有所不同。电动机与丝杠间的连接主要有三种形式。

1. 齿轮传动形式

数控机床在进给传动装置中一般采用齿轮传动副来达到一定的降速比要求。进给系统采用齿轮传动装置，是为了使丝杠、工作台的惯量在系统中占有较小的比重；同时可使高转速低转矩的伺服驱动装置的输出变为低转速大扭矩，从而适应驱动执行件的需要；另外，在开环系统中还可计算所需的脉冲当量。在设计齿轮传动装置时，除了要考虑满足强度、精度之外，还应考虑其速比分配及传动级数对传动件的转动惯量和执行件的传动的影响。增加传动级数，可以减小转动惯量，但级数增加，使传动装置结构复杂，降低了传动效率，增大了噪声，同时也加大了传动间隙和摩擦损失，对伺服系统不利。因此，不能单纯根据转动惯量来选取传动级数，要综合考虑，选取最佳的传动级数和各级的速比。齿轮速比分配及传动级数对失动的影响规律为：级数愈多，存在传动间隙的可能性愈大；若传动链中的齿轮速比按递减原则分配，则传动链的起始端的间隙影响较小，末端的间隙影响大。

2. 同步带轮传动形式

这种连接形式的结构较为简单。同步带传动综合了带传动和链传动的优点，可以避免齿轮传动时引起的振动和噪声，但只能适用于低扭矩特性要求的场合，安装时对中心距要求严格，带与带轮的制造工艺复杂。

3. 联轴器传动形式

通常电动机轴和丝杠之间采用锥环无键连接或高精度十字联轴器连接，从而使进给传动系统具有较高的传动精度和传动刚度，并大大简化了传动结构。在加工中心和精度较高的数控机床的进给传动中，普遍采用这种连接形式。

（三）消除传动齿轮间隙的措施

齿轮在制造中不可能达到理想齿面要求，总是存在着一定的误差。一对啮合齿轮必须有一定的齿侧间隙才能正常工作，但齿侧间隙会造成反向传动间隙。对闭环系统来说，齿侧间隙会影响系统的稳定性，由于有反馈作用，滞后量虽可得到补偿，但反向时会使伺服系统产生振荡而不稳定。在开环系统中会造成进给运动的位移值滞后于指令值；反向时，会出现反向死区，影响加工精度。因此，数控机床进给系统中的传动齿轮必须尽可能地消除相啮合齿轮之间的传动间隙，否则在进给系统的每次反向之后就会使运动滞后于指令信号，影响加工精度。在设计时必须采取相应的措施，使间隙减小到允许的范围内，通常采取下列方法消除间隙。

1. 刚性调整法

刚性调整法是调整后齿侧间隙不能自动补偿的调整法，因此，齿轮的周节公差及齿厚要严格控制，否则影响传动的灵活性。这种调整方法结构比较简单，具有较好的传动刚度。具体方法有偏心轴调整法、轴向垫片调整法。

（1）偏心轴调整法

齿轮装在偏心轴套上，调整偏心轴套可以改变齿轮之间的中心距，从而消除间隙。

（2）轴向垫片调整法

一对啮合的圆柱齿轮，若它们的节圆直径沿齿轮轴向制成一个较小的锥度，改变垫片的厚度，就能改变齿轮之间的轴向相对位置，从而消除齿侧间隙。在两个薄片斜齿轮之间加一垫片，改变垫片的厚度，薄片斜齿轮的螺旋线就会错位，这样薄片斜齿轮分别与宽斜齿轮的齿槽左、右侧面相互贴紧，从而消除了齿侧间隙。

2. 柔性调整法

柔性调整法是调整后齿侧间隙仍可自动补偿的调整法。这种方法一般都采用调整压力弹簧的压力来消除齿侧间隙，并在齿轮的齿厚和周节有变化的情况下，仍能保持无间隙啮合。但这种调整方法的结构较为复杂，轴向尺寸大，传动刚度低，传动的平稳性也较差。

具体方法有轴向压簧调整法、周向弹簧调整法。

（1）轴向压簧调整法

两个薄片斜齿轮用键套在轴上，用螺母来调节压力弹簧的轴向压力，使薄片斜齿轮的左、右齿面分别与宽斜齿轮的齿槽左、右齿面相互贴紧，从而消除齿侧间隙。弹簧力须调整适当，过松消除不了间隙，过紧则加速齿轮的磨损。

（2）周向弹簧调整法

两个齿数相同的薄片齿轮与另一个宽齿轮相啮合，齿轮空套在另一齿轮上可以相对回转。每个齿轮端面分别均匀装有四个螺纹凸耳，齿轮的端面还有四个通孔，凸耳可以从中

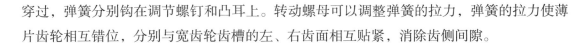

穿过，弹簧分别钩在调节螺钉和凸耳上。转动螺母可以调整弹簧的拉力，弹簧的拉力使薄片齿轮相互错位，分别与宽齿轮齿槽的左、右齿面相互贴紧，消除齿侧间隙。

（四）滚珠丝杠螺母副

数控机床的进给运动链中，将旋转运动转换为直线运动的方法很多，如滚珠丝杠螺母副、静压丝杠螺母副、静压蜗杆蜗条副和齿轮齿条副等。其中最常用的是滚珠丝杠螺母副，它是在丝杠和螺母之间以钢球作为滚动介质，实现运动相互转换的一种传动元件，是数控设备机械系统中的典型机构之一。

1. 滚珠丝杠螺母副的工作原理与特点

丝杠和螺母上都加工有半圆弧形的螺旋槽，它们套装在一起时便形成滚珠的螺旋滚道。滚道内装满滚珠，当丝杠与螺母相对运动时，滚珠沿螺旋槽向前滚动，在丝杠上滚过数圈后通过回程引导装置又逐个地滚回丝杠和螺母之间，构成一个闭合回路。当丝杠旋转时，滚珠在滚道内既自转又沿滚道循环转动，因而迫使螺母（或丝杠）轴向移动。

滚珠丝杠螺母副具有以下特点：

①摩擦损失小，传动效率高，可达 0.90 ~ 0.96；

②丝杠螺母之间预紧后，可以完全消除间隙，提高了传动刚度；

③摩擦阻力小，几乎与运动速度无关，动、静摩擦力之差极小，能保证运动平稳，不易产生低速爬行现象，且磨损小、寿命长、精度保持性好；

④不能自锁，有可逆性，即能将旋转运动转换为直线运动，或将直线运动转换为旋转运动，因此丝杠立式使用时，应增加制动装置。

2. 滚珠丝杠螺母副的循环方式

常用的循环方式有两种：滚珠在循环过程中有时与丝杠脱离接触的称为外循环，始终与丝杠保持接触的称为内循环。

（1）外循环

滚珠在循环过程中有时与丝杠脱离接触。该方式按滚珠循环时的返回方式又分为插管式和螺旋槽式。常用的插管式，它用弯管作为返回通道；螺旋槽式，它是在螺母外圆上铣出一条螺旋槽，槽的两端各钻一通孔与螺纹滚道相切，形成返回通道。外循环式结构简单、工艺性好、承载能力高，但径向尺寸大，目前使用较广泛，也可用于重载传动系统。其缺点是滚道接缝处很难做得平滑，从而影响滚珠滚动的平稳性。

（2）内循环

滚珠在循环过程中始终与丝杠保持接触。内循环式结构均采用反向器实现滚珠循环。内循环靠螺母上安装的反向器接通相邻滚道。反向器上铣有 S 形反向槽，将相邻两螺纹滚道连接起来，滚珠从螺纹滚道进入反向器，借助反向器迫使滚珠越过丝杠牙顶进入相邻滚道，实现循环。

内循环方式和外循环方式相比较，其结构较为紧凑，定位可靠，刚性好，返回滚道短，摩擦损失小，且不易磨损，不易发生滚珠堵塞；但内循环式的反向器结构复杂、制造困难，适用于高灵敏度、高精度的进给系统，不适用于重载传动，也不适用于多头螺纹传动。

3. 滚珠丝杠螺母副轴向间隙的调整和预紧方法

滚珠丝杠螺母副的轴向间隙通常是指丝杠和螺母在无相对转动时的最大轴向窜动量，它除了结构本身的原有间隙之外，还包括施加轴向载荷后的弹性变形所引起的相对位移。滚珠丝杠螺母副的轴向间隙将直接影响其传动精度和传动刚度，尤其是反向传动精度，因此，必须对轴向间隙提出严格的要求。

滚珠丝杠螺母副轴向间隙的调整和预紧，通常采用双螺母预紧方式，使两个螺母之间产生轴向位移，以达到消除间隙和产生预紧力的目的。双螺母预紧方式的结构形式有以下三种：

（1）双螺母垫片调隙式

通过改变调整垫片的厚度使左、右两个螺母产生轴向位移，即可消除间隙和产生预紧力。这种调整方法具有结构简单可靠、刚性好、拆装方便等优点，但调整较费时，且不能在工作中随意调整。滚道有磨损时不能随时消除间隙和进行预紧，仅适用于一般精度的数控机床。

（2）双螺母齿差调隙式

在两个螺母的凸缘上各制有圆柱外齿轮，且齿数差为 $z_2-z_1=1$，内齿轮的齿数分别与相啮合的外齿轮的齿数相同，通过螺钉和销固定在套筒的两端。调整时先将两个内齿圈取下，根据间隙大小使螺母分别在相同方向转过一个或几个齿，通过调整两个螺母之间的距离达到调整轴向间隙的目的。齿差调隙式的结构较为复杂，但调整方便、可靠，并可以预先计算出精确的调整量，但结构尺寸较大，多用于高精度的传动。

（3）双螺母螺纹调隙式

左螺母外端有凸缘，右螺母外端没有凸缘而制有螺纹，并用两个圆螺母固定，使用平键限制螺母在螺母座内的转动，拧动内侧圆螺母可将左螺母沿轴向移动一定距离，即可消除间隙并产生预紧力。在消除间隙后再用外侧圆螺母将其锁紧。这种调整方法具有结构简单、工作可靠、调整方便等优点，但调整精度较差。

滚珠丝杠螺母副轴向间隙的调整和预紧除以上三种常用形式外，还有单螺母变位导程预紧和单螺母加大钢球径向预紧等形式，这里不再详细介绍。

4.滚珠丝杠螺母副的选用

根据 JB 3162.2—82 标准，滚珠丝杠螺母副的精度分成 C、D、E、F、G、H 六个等级，最高精度为 C 级，最低精度为 H 级；而 JB 3162.2—91 标准将滚珠丝杠螺母副的精度分成 1、2、3、4、5、7、10 七个等级，最高精度为 1 级，最低精度为 10 级。

在设计和选用滚珠丝杠螺母副时，首先要确定螺距 t、名义直径 D_0、滚珠直径 d 等主要参数。在确定后两个参数时，采用与验算滚珠轴承相似的方法，即规定在最大轴向载荷 Q 作用下，滚珠丝杠能以 33.3 r/min 的转速运转 500 h 而不出现点蚀。

五、数控机床导轨

机床导轨是两个相对运动部件的接合面组成的滑动副，是机床基本结构的要素之一。机床上的运动部件都是沿着它的床身、立柱、横梁等零件上的导轨而运动，导轨的功用可概括为导向和支撑作用。因此，机床的加工精度和使用寿命很大程度上取决于机床导轨的质量：机床高速进给时不振动，低速进给时不爬行，有较高的灵敏度，能在重载下长期连续工作，有较高的耐磨性，有良好的精度保持性，等等。所以对数控机床的导轨要求应有：

①一定的导向精度；

②良好的精度保持性；

③足够的刚度；

④良好的耐摩擦性；

⑤良好的低速平稳性。

因此，现代数控机床普遍采用摩擦系数小，动、静摩擦系数相差甚微，运动灵活轻便的导轨副，结构工艺性要好，便于制造和装配，便于检验、调整和维修，而且有合理的导轨防护和润滑措施等要求。

工作台导轨对数控机床的精度有很大影响，导轨的制造误差直接影响工作台运动的几何精度，导轨的摩擦特性影响工作台的定位精度和低速进给的均匀性，导轨的材料和热处理影响其工作精度的保持性。按机床调节技术的要求，希望工作台导轨刚度大、摩擦小和阻尼性能好。

各种类型的机床工作部件都是利用控制轴在指定的导轨上运动。导轨是在机床上用来支承和引导部件沿着一定的轨迹准确运动或起夹紧定位作用，导轨的准确度和移动精度直接影响机床的加工精度。目前应用的导轨有滚动导轨、滑动导轨和静压导轨等。

表 1-2 概括介绍了各种类型机床工作台导轨的性能。

表 1-2　各种类型机床工作台导轨的性能

性　能	滚动导轨	滑动导轨	静压导轨
摩擦与磨损性能	良好	不好，通过选择材料来改进	很好
爬行的可能性	不存在	存在	不存在
对材料及表面质量的要求	高	很高	低
达到高精度的措施	不太贵	很贵	不能用
刚度	好，如果导轨预加载且相配零件刚度足够	通常很好	可变，取决于供油系统，有薄膜压力阀时刚度大
阻尼	小	很高，但不是常数	大，通过设计容易改变

尽管导轨系统的形式是多种多样的，但工作性质都是相同的，机床工作部件在指定导轨系统上移动，体现为如下三种基本功能：

①为承载体提供运动导向。

②为承载体提供光滑的运动表面。

③把机床的切削所产生的力传到地基或床身上，减少由此产生的冲击对工件的影响。

（一）滚动导轨

滚动导轨就是在导轨工作面之间安排滚动体，使导轨面之间为滚动摩擦。滚动导轨具有摩擦系数小（一般在 0.003 左右），动、静摩擦系数相差小，不会产生爬行现象，可以使用油脂润滑。数控机床导轨的行程一般较长，因此滚动体必须循环。滚动导轨运动轻便灵活，所需功率小，摩擦发热小，磨损小，精度保持性好，低速运动平稳，移动精度和定位精度都较高，且几乎不受运动变化的影响；但滚动导轨结构复杂，制造成本高，抗震性差。现代数控机床常采用的滚动导轨有滚动导轨块和直线滚动导轨副两种。滚动导轨块用滚子做滚动体，直线滚动导轨副一般用滚珠做滚动体。

1. 滚动导轨块

滚动导轨块又称滚动导轨支承块，是一种滚动体做循环运动的滚动导轨，多用于中等负荷。端盖与导向片引导滚动体（滚柱）返回，使用时，滚动导轨块安装在运动部件的导轨面上，每一导轨至少用两块，导轨块的数目取决于导轨的长度和负载的大小，与之相配的导轨多采用镶钢淬火导轨。当运动部件移动时，滚柱在支承部件的导轨面与本体之间滚动，同时又绕本体做循环滚动，滚柱与运动部件的导轨面不接触。

滚动导轨块由专业厂家生产，有多种规格、形式供客户选用。滚动导轨块的特点是刚度高、承载能力大、便于拆装。

2. 直线滚动导轨副

直线滚动导轨副又称单元式直线滚动导轨，是近几年来新出现的一种滚动导轨。它由导轨、滑块、滚珠、密封端盖等组成。使用时，导轨固定在不运动部件上，滑块固定在运动部件上。当滑块沿导轨体运动时，滚珠在导轨体和滑块之间的圆弧直槽内滚动，通过密封端盖内的滚道从工作负载区到非工作负载区，不断循环，从而把导轨与滑块之间的移动变成滚珠的滚动。

直线滚动导轨副一般由生产厂家组装而成，其突出的优点是没有间隙，与一般滚动导轨副相比较，还有以下特点：

①具有自调整能力，安装基面允许误差大；

②制造精度高；

③可高速运行，运行速度可大于 10 m/s；

④能长时间保持高精度；

⑤可预加负载以提高刚度。

直线滚动导轨副分四个精度等级，即 2、3、4、5 级，2 级精度最高，依次递减。

（二）静压导轨

静压导轨是指在两个相对运动的导轨面之间通入具有一定压力的润滑油以后，使动导轨微微抬起，在导轨面间充满润滑油所形成的油膜，保证导轨面间在液体摩擦状态下工作。工作过程中，导轨面上油腔的油压随外加载荷的变化自动调节。静压导轨的滑动面之间开有油腔，将有一定压力的油通过节流器输入油腔，形成压力油膜，浮起运动部件，使导轨工作表面处于纯液体摩擦，不产生磨损，精度保持性好。根据承载的要求不同，静压导轨分为开式和闭式两种。开式静压导轨只能承受垂直方向的负载，承受颠覆力矩的能力差；闭式静压导轨则具有承受各方面载荷和颠覆力矩的能力。

静压导轨的导轨面之间处于纯液体摩擦状态，导轨的摩擦系数小（一般为0.0005～0.001），使驱动功率大大降低，其运动不受速度和负载的限制，低速无爬行，承载能力大，刚度好；机械效率高，能长期保持导轨的导向精度。压力油膜承载能力大，刚度好，有良好的吸振性，导轨运行平稳，低速下不易产生爬行现象。但静压导轨结构较为复杂，并需要一个具有良好过滤效果的供油系统，制造成本也较高。此导轨多用于重型数控机床。静压导轨的优点如下：

①由于其导轨的工作面完全处于纯液体摩擦下，因而工作时摩擦系数极低；

②导轨的运动不受负载和速度的限制，且低速时移动均匀，无爬行现象；

③由于液体具有吸振作用，因而导轨的抗震性好；

④承载能力大、刚性好；

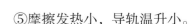

⑤摩擦发热小，导轨温升小。

静压导轨的缺点为：液体静压导轨的结构复杂，多了一套液压系统，成本高，油膜厚度难以保持恒定不变。

1. 工作原理

由于承载的要求不同，静压导轨分为开式和闭式两种。其工作原理与静压轴承完全相同。油经液压泵吸入，用溢流阀调节供油压力，再经滤油器，通过节流器降压（油腔压力），进入导轨的油腔，并通过导轨间隙向外流出，回到油箱。油腔压力形成浮力，将运动导轨浮起，形成一定的导轨间隙，如当载荷增大时，运动导轨下沉，与支承导轨的间隙减小，液阻增加，流量减小，从而油经过节流器时的压力损失减小，油腔压力增大，直至与载荷平衡时为止。

开式静压导轨只能承受垂直方向的负载，承受颠覆力矩的能力差。闭式静压导轨能承受较大的颠覆力矩，导轨刚度也较高。当运动部件受到颠覆力矩 M 后，油腔 P_1、P_6 间隙减小，P_3、P_4 的间隙增大，由于各相应节流器的作用，使 P_1、P_6 升高，P_3、P_4 降低，因此作用在运动部件上的力形成了一个与颠覆力矩方向相反的力矩，从而使运动部件保持平衡。在工作台受到垂直载荷 W 时，油腔 P_1、P_4 间隙减小，油腔 P_3、P_6 间隙增大，使 P_4 升高，P_3、P_6 降低，因此形成的力向上，以平衡载荷。

2. 结构形式

静压导轨横截面的几何形状一般采用 V 形与矩形两种。V 形便于导向和回油，矩形便于做成闭式静压导轨。油腔的结构对静压导轨性能影响很大。

3. 节流器的形式

静压导轨节流器分为固定节流器和可变节流器两种。

（三）塑料滑动导轨

滑动导轨具有结构简单、制造方便、接触刚度大的优点。但传统滑动导轨摩擦阻力大，磨损快，动、静摩擦系数差别大，低速时易发生爬行现象。目前仅简易型数控机床使用这种类型的导轨。数控机床上常用带耐磨粘贴带覆盖层的滑动导轨和新型塑料滑动导轨，这种塑料导轨具有摩擦性能好及寿命长的优点。

塑料导轨的床身仍是金属导轨，它只是在与床身导轨相配的滑动导轨上粘贴上静、动摩擦系数基本相同且耐磨、吸振的塑料软带，或者在定、动导轨之间采用注塑的方法制成塑料导轨。这种塑料导轨具有良好的摩擦特性、耐磨性和吸振性，因此在数控机床上被广泛使用。常用的塑料导轨有聚四氟乙烯导轨软带和环氧型耐磨树脂导轨涂层两类。

1. 聚四氟乙烯导轨软带

塑料软带是以聚四氟乙烯为基体，加入青铜粉、二硫化钼和石墨等填充剂混合烧结并

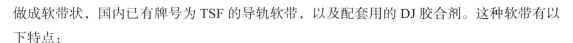

做成软带状，国内已有牌号为 TSF 的导轨软带，以及配套用的 DJ 胶合剂。这种软带有以下特点：

①摩擦特性好。采用聚四氟乙烯导轨软带的摩擦副的摩擦系数小，静、动摩擦系数差别小。这种良好的摩擦特性能防止导轨低速爬行，使运行平稳和获得高的定位精度。

②耐磨性好。聚四氟乙烯导轨软带中含有青铜、二硫化钼和石墨，本身具有自润滑作用，对润滑油的供油量要求不高。此外，塑料质地较软，即便嵌入金属碎屑、灰尘等，也不致损伤金属导轨面和软带本身，可延长导轨副的使用寿命。

③减振性好。塑料的阻尼特性好，其减振消声的性能对提高导轨副的相对运动速度有很大意义。

④工艺性好。可降低对粘贴塑料的金属基体的硬度和表面质量要求，而且塑料易于加工（铣、刨、磨、刮），使导轨副接触面获得优良的表面质量。

导轨软带使用的工艺简单，只要将导轨粘贴面做半精加工至表面粗糙度 $Ra1.6 \sim 3.2 \, \mu m$，清洗粘贴面后，用胶合剂黏合，加压固化后，再经精加工即可。具体操作步骤如下：

首先将导轨粘贴面加工至表面粗糙度 $Ra1.6 \sim 3.2 \, \mu m$，有时为了起定位作用，导轨粘贴面加工成 $0.5 \sim 1 \, mm$ 深的凹槽，用汽油和金属清洗或丙酮清洗导轨粘贴面后，用胶合剂黏合导轨软带，加压初固化 $1 \sim 2 \, h$ 后再合拢到配对的固定导轨或专用夹具上施以一定的压力，并在室温固化 $24 \, h$ 后，取下清除余胶即可开油槽和进行精加工，由于这类导轨软带采用了黏结方法，故习惯上称为"贴塑导轨"。

2. 环氧型耐磨树脂导轨涂层

导轨注塑的材料是以环氧树脂和二硫化钼为基体，加入增塑剂，混合成以膏状和固化剂组分的双组分塑料，国内牌号为 HNT。它有良好的可加工性，可经车、铣、刨、钻、磨削和刮削加工；也有良好的摩擦特性和耐磨性，而且抗压强度比聚四氟乙烯导轨软带要高，固化时体积不收缩，尺寸稳定。特别是可在调整好固定导轨和运动导轨间的相关位置精度后注入涂料，这样可节省许多加工工时，故它特别适用于重型机床和不能用导轨软带的复杂配合型面。

耐磨导轨涂层的使用工艺也很简单。首先，将导轨涂层表面粗刨或粗铣，以保证有良好的黏附力。然后，与塑料导轨相配的金属导轨面（或模具）用溶剂清洗后涂上一薄层硅油或专用脱模剂，以防与耐磨涂层黏结。将按配方加入固化剂调好的耐磨涂层材料抹于导轨面上，然后叠合在金属导轨面（或模具）上进行固化。叠合前可放置形成油槽、油腔用的模板，固化 $24 \, h$ 后，即可将两导轨分离。涂层硬化三天后可进行下一步加工。涂层面的厚度及导轨面与其他表面的相对位置精度可借助等高块或专用夹具保证。由于这类塑料导轨采用涂刮或注入膏状塑料的方法，故习惯上称为"涂塑导轨"或"注塑导轨"。

（四）导轨结构

导轨刚度的大小、制造是否简单、能否调整、摩擦损耗是否最小，以及能否保持导轨的初始精度，在很大程度上取决于导轨的横截面形状。

1. 山形与 V 形截面：这种截面的导轨导向精度高。导轨磨损后靠自重下沉自动补偿。下导轨用山形有利于排除污物但不易保存油液，如用于车床；下导轨用 V 形则相反，如用于磨床顶角，一般为 90°。

2. 矩形截面：这种截面的导轨制造维修方便，承载能力大，新导轨导向能力高，但磨损后不能自动补偿，须用镶条调节，影响导向精度。

3. 圆柱形导轨：这种截面的导轨制造简单，可以做到精密配合，但对温度变化较敏感，小间隙时很容易卡住，大间隙则导向精度差。它与上述几种截面比较，应用较少。

4. 平面环形截面：这种截面的导轨适合于旋转运动，制造简单，能承受较大的轴向力，但导向精度较差。

5. 圆锥形环形截面：这种截面母线倾角常取 30°，导向性比平面导轨好，可承受轴向和径向载荷，但是较难保持锥面和轴心线的同轴度。

6. 燕尾形截面：这种截面的导轨结构紧凑，能承受倾侧力矩，但刚性较差，制造检修不便，适用于导向精度不太高的情况。

六、回转工作台

工作台是数控机床的重要部件，主要有矩形、回转式及倾斜成各种角度的万能工作台。回转工作台又有分度工作台、数控回转工作台、卧式回转工作台、立式回转工作台。

（一）分度工作台

分度工作台只能完成分度辅助运动，即按照数控系统指令，在需要分度时，将工作台及其工件回转一定的角度（45、60 或 90° 等），以改变工件相对主轴的位置，加工工件的各个表面位置。按定位机构的不同，可分为鼠牙盘式分度工作台和定位销式分度工作台。

1. 鼠牙盘式分度工作台的结构和工作原理

鼠牙盘式分度工作台主要由工作台面、底座、夹紧液压缸、分度液压缸和鼠牙盘等零件组成，它是目前用得最多的一种精密的分度工作台。

机床需要分度时，数控装置发出分度指令（也可以用手压按钮进行手动分度），由电磁铁控制液压阀，使液压油经管道至分度工作台中央的升降液压缸下腔，推动活塞上移（液压缸上腔回油经管道排出），经推力轴承使分度工作台抬起，上鼠牙盘和下鼠牙盘脱离啮合，工作台上移的同时带动内齿圈上移并与齿轮啮合，完成分度前的准备工作。

当分度工作台向上抬起时，推杆在弹簧作用下向上移动，推杆在弹簧的作用下右移，松开微动开关 S2 的触头，控制铁磁阀使压力油经管道进入分度液压缸左腔内，推动齿条活塞右移（右腔的油经管道及节流阀流回油箱），与它欲啮合的齿轮做逆时针转动。根据设计要求，当齿条活塞移动 113 mm 时，齿轮回转 90°，因此时内齿圈已与齿轮相啮合，故分度工作台也回转 90°。分度运动的快慢可由油管路中的节流阀来控制齿条活塞的运动速度。

齿轮开始回转时，挡块放开推杆，使微动开关 S1 复位，当齿轮转过 90° 时，它上面的挡块压推杆，使微动开关 S3 被压下，控制电磁铁使夹紧液压缸上腔通入压力油，活塞下移（下腔的油经管道及节流阀流回油箱），分度工作台下降。上鼠牙盘和下鼠牙盘又重新啮合，并定位夹紧，这时分度运动已完成，管道中有节流阀用来限制分度工作台的下降速度，避免产生冲击。

当分度工作台下降时，推杆被压下，推杆左移，微动开关 S2 的触头被压下，通过电磁铁控制液压阀，使压力油从管道进入分度液压缸右腔，推动活塞齿条左移（左腔的油经管道流回油箱），使齿轮顺时针回转。它上面的挡块离开推杆，微动开关 S3 的触头被放松，因工作台面下降夹紧后齿轮下部的轮齿已与内齿圈脱开，故分度工作台面不转动。当活塞齿条向左移动 113 mm 时，齿轮就顺时针转 90°，齿轮上的挡块压下推杆，微动开关 S1 的触头又被压紧，齿轮停在原始位置，为下次分度做好准备。

鼠牙盘式分度工作台的优点是分度和定心精度高，分度精度可达 ±0.5 ~ ±3″；由于采用多齿重复定位，因而可使重复定位精度稳定，而且定位刚度好，只要分度数能除尽鼠牙盘齿数，就能分度；除用于数控机床外，还用在各种加工和测量装置中。其缺点是鼠牙盘的制造比较困难；此外，它不能进行任意角度的分度。

2. 定位销式分度工作台

在分度工作台的底部均匀地固定有八个圆柱定位销，在底座上有一个定位孔衬套及供定位销移动的环形槽。其中只有一个定位销进入定位孔衬套中。因为定位销之间的分布角度为 45°，所以工作台只能做 45° 等分的分度运动。

分度时机床的数控系统发出指令，由电器控制的液压缸使六个均布的锁紧液压缸中的压力油，经环行油槽流回油箱，活塞被弹簧顶起，分度工作台处于松开状态。同时间隙液压缸也卸荷，液压缸中的压力油经回油路流回油箱。油管中的压力油进入液压缸，使活塞上升，并通过螺栓、支座把推力轴承向上抬起 15 mm，顶在底座上。分度工作台用四个螺钉与锥套相连，而锥套用六角螺钉固定在支座上，所以当支座上移时，通过锥套使分度工作台抬高 15 mm，固定在工作台面上的定位销被从定位孔衬套中拔出。

当工作台抬起之后发出信号使液压马达驱动减速齿轮，带动固定在分度工作台下面的齿轮转动，进行分度运动。分度工作台的回转速度由液压马达和液压系统中的单向节流阀

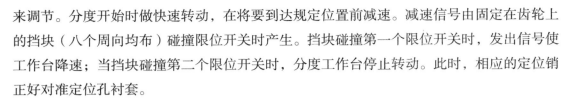

来调节。分度开始时做快速转动，在将要到达规定位置前减速。减速信号由固定在齿轮上的挡块（八个周向均布）碰撞限位开关时产生。挡块碰撞第一个限位开关时，发出信号使工作台降速；当挡块碰撞第二个限位开关时，分度工作台停止转动。此时，相应的定位销正好对准定位孔衬套。

分度完毕后，数控系统发出信号使液压缸卸荷，油液经管道流回油箱，分度工作台靠自重下降，定位销插入定位孔衬套中。定位完毕后间隙液压缸通压力油，活塞顶向分度工作台，以消除径向间隙。经油槽来的压力油进入锁紧液压缸的上腔，推动拉杆下降，通过拉杆上的 T 形头将分度工作台锁紧。至此分度工作完成。

分度工作台的回转部分支承在加长型双列圆柱滚子轴承和滚针轴承上，轴承的内孔带有 1∶12 的锥度，用来调整径向间隙。轴承内环固定在锥套和支座之间，并可带着滚珠在加长的外环内做 15 mm 的轴向移动。轴承装在支座内，能随支座做上升或下降移动并作为另一端的回转支承。支座内还装有端面滚柱轴承，使分度工作台回转很平稳。

定位销式分度工作台的定位精度取决于定位销和定位孔的精度，最高可达 ±5″，最常用的相差 180° 同轴线孔的定位精度高一些（常用于调头镗孔），其他角度（45、90、135°）的定位精度低一些。定位销和定位衬套的制造及装配精度要求都很高，硬度的要求也很高，而且耐磨性要好。

（二）数控回转工作台

数控回转工作台主要用于数控镗床和数控铣床，其外形和分度工作台十分相似，但其内部结构却具有数控进给驱动机构的许多特点。它的功能是使工作台进行圆周进给，以完成切削工作，并使工作台进行分度。开环系统中的数控转台由传动系统、间隙消除装置及蜗轮夹紧装置等组成。

下面介绍 JCS-013 型自动换刀数控镗铣床的数控回转工作台。当数控工作台接到数控系统的指令后，首先把蜗轮松开，然后启动电液脉冲马达，按指令脉冲来确定工作台的回转方向、回转速度及回转角度大小等参数。

工作台的运动由电液脉冲马达驱动，经齿轮带动蜗杆，通过蜗轮使工作台回转。为了尽量消除传动间隙和反向间隙，齿轮之间相啮合的侧隙，是靠调整偏心环来消除的。齿轮与蜗杆是靠楔形拉紧销来连接的，这种连接方式能消除轴与套的配合间隙。为了消除蜗杆副的传动间隙，采用了双螺距渐厚蜗杆，通过移动蜗杆的轴向位置来调整间隙。这种蜗杆的左右两侧面具有不同的螺距，因此蜗杆齿厚从一端向另一端逐渐增厚。但由于同一侧的螺距是相同的，所以仍然保持着正常的啮合。调整时先松开螺母上的锁紧螺钉，使压块与调整套松开，同时将楔形拉紧销松开，然后转动调整套，带动蜗杆做轴向移动。根据设计要求，蜗杆有 10 mm 的轴向移动调整量，这时蜗杆副的侧隙可调整 0.2 mm。调整后锁紧调整套和楔形拉紧销。蜗杆的左右两端都由双列滚针轴承支承，左端为自由端，可以伸长以消除温度变化的影响；右端装有双列推力轴承，能轴向定位。工作台静止时必须处于锁紧状态。工作台面用沿其圆周方向分布的八个夹紧液压缸进行夹紧。当工作台不回转时，夹紧液压缸的上腔进压力油，使活塞向下运动，通过钢球、夹紧瓦将蜗轮夹紧。当工作台需要回转时，数控系统发出指令，使夹紧液压缸上腔的油流回油箱。在弹簧的作用下，钢球抬起，夹紧瓦松开蜗轮，然后由电液脉冲马达通过传动装置，使蜗轮和回转工作台按照控制系统的指令做回转运动。

开环系统的数控回转工作台的定位精度主要取决于蜗杆副的传动精度，因而必须采用高精度的蜗杆副。除此之外，还可在实际测量工作台静态定位误差之后，确定需要补偿的角度位置和补偿脉冲的符号（正向或反向）记忆在补偿回路中，由数控装置进行误差补偿。

数控回转工作台设有零点，当它做返回零点运动时，首先由安装在蜗轮上的撞块碰撞限位开关，使工作台减速；再通过感应块和无触点开关，使工作台准确地停在零点位置上。

该数控工作台可做任意角度回转和分度，由光栅进行读数控制。光栅在圆周上有 21 600 条刻线，通过 6 倍频电路使刻度分辨能力为 10″，因此，工作台的分度精度可达 ±10″。

七、回转工作台选型

由于工作台种类繁多，不同工作台具有不同的使用范围，为了满足加工要求，需要考虑多方面的因素，以选择合适的工作台，做到经济性与实用性的完美结合。通常情况下，可按以下原则进行初步选取：

1. 根据工作台的大小、加工条件、机床结构要求等，确定工作台的基本性能参数，如工作台尺寸、台面尺寸、最大承重等，初步选择合适的工作台系列。

2. 根据加工工件的复杂程度或其他需求，确定是否要求工作台实现圆周方向的进给运动；若需要，则选用数控回转工作台，反之可考虑选用分度回转工作台。

3. 在加工过程中，若希望工作台能在一定范围内倾斜，实现多轴联动，则可考虑选用可倾回转工作台。

4. 对于分度工作台，可依据定位精度要求，选择合适的定位机构工作台。为了实现高精度分度回转，优先选择鼠齿盘分度工作台，但其价格一般高于采用其他方式定位的工作台。

第二章 数控机床的伺服系统

第一节 开环步进式伺服系统

一、开环步进式伺服系统的工作原理

开环控制数控机床是没有位置测量装置的数控机床。一般以功率步进电动机作为伺服驱动元件，其数控装置发出信号的流程是单向的，其精度主要取决于伺服驱动系统与机械传动机构的性能和精度。开环控制数控机床具有结构简单、工作稳定、调试方便、维修简单、价格低等优点，在精度和速度要求不高、驱动力矩不大的场合得到广泛应用，一般用于经济型数控机床。

采用步进电动机的伺服系统又称为开环步进式伺服系统，其组成如图 2-1 所示。开环系统没有位置和速度反馈回路，因此省去了检测装置，系统简单可靠，不需要像闭环伺服系统那样进行复杂的设计计算与试验校正。

图 2-1 开环控制系统框图

开环步进电机式伺服系统具有结构简单、使用维护方便、可靠性高、制造成本低等一系列优点，在中小型机床和速度、精度要求不十分高的场合，得到了广泛的应用，并适合用于发展简化功能的经济型数控机床和对现有的普通机床进行数控化技术改造。

二、步进电动机

步进电动机具有将电脉冲信号转换成角位移（或线位移）的机电式数模转换器。其转子的转角（或位移）与电脉冲数成正比，它的速度与脉冲频率成正比，而运动方向是由步进电动机通电的顺序所决定的。

（一）步进电动机的种类和结构

步进电动机的结构形式很多，其分类方式也很多，常见的分类是按产生力矩的原理、输出力矩的大小，以及定子和转子的数量等进行的。根据不同的分类方式，步进电动机可分为多种类型，见表 2-1。

表 2-1　步进电动机的分类

分类形式	具体类型
按力矩产生的原理	①反应式：转子无绕组，由被励磁的转子绕组产生反应力矩实现步进运行； ②励磁式：定、转子均有励磁绕组（或转子用永久磁钢）由电磁力矩实现步进运行
按输出力矩大小	①伺服式：输出力矩在几百到几千 N·cm，只能驱动较小的负载，要与液压扭矩放大器配用，才能驱动机床工作台等较大的负载； ②功率式：输出力矩在 5 ~ 50 N·m 及以上，可以直接驱动机床工作台等较大的负载
按定、转子数	①单定子式；②双定子式；③三定子式；④多定子式
按各相绕组分布	①径向分相式：电机各相按圆周依次排列； ②轴向分相式：电机各相按轴向依次排列

目前，我国使用的步进电动机多为反应式步进电动机。这种步进电动机可分为定子和转子两部分，其中定子又分为定子铁芯和定子绕组。定子铁芯由硅钢片叠压而成，定子绕组是绕置在定子铁芯六个均匀分布的齿上的线圈，在直径方向上相对的两个齿上的线圈串联在一起，构成一相控制绕组。图 2-2 所示为步进电动机可构成三相控制绕组，故也称为三相步进电动机。当任一相绕组通电时，形成一组定子磁极，其方向如图 2-2 中 NS 极。在定子的每个磁极上，即定子铁芯的每个齿上又开了 5 个小齿，齿槽等宽，齿间夹角为 9°，转子上没有绕组，只有均匀分布的 40 个小齿，齿槽也是等宽的，齿间夹角也是 9°，与磁极上的小齿一致。此外，三相定子磁极上的小齿在空间位置上依次错开 1/3 齿距，如图 2-3 所示。当 A 相磁极上的小齿与转子上的齿对齐时，B 相磁极上的齿刚好超前（或滞

数控加工技术研究

后）转子齿 1/3 齿距角，C 相磁极齿超前（或滞后）转子齿 2/3 齿距角。

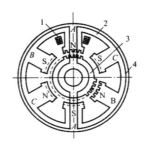

1- 绕组；2- 定子铁芯；3- 转子铁芯；4-A 相磁通

图 2-2　单定子径向分相反应式伺服步进电动机结构原理图

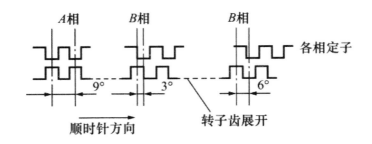

图 2-3　步进电动机的齿距

图 2-4 所示是一种五定子、轴向分相、反应式伺服步进电动机的结构图。从图中可以看出步进电动机的定子和转子在轴向可分为五段，每一段都形成独立的一相定子铁芯、定子绕组和转子。各段定子铁芯上的齿就像内齿轮的齿形，由硅钢片叠成。转子的形状像一个外齿轮，由硅钢片制成，定子铁芯和转子上的齿都没有开小齿。这种步进电动机各段定子上的齿在圆周方向均匀分布，彼此之间错开 1/5 齿距，其转子齿彼此不错位。

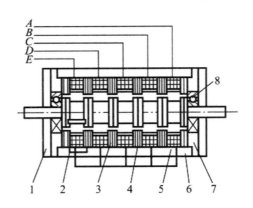

1- 端板；2- 磁路；3- 定子；4- 转子；5- 线圈；6- 机壳；7- 端盖；8- 轴承

图 2-4　五定子、轴向分相、反应式伺服步进电动机

常见的步进电动机，除了反应式步进电动机之外，还有永磁式步进电动机和永磁反应式（即混合式）步进电动机，它们的结构虽不相同，但工作原理是相同的。

（二）步进电动机的工作原理

三相反应式步进电动机的工作原理如图 2-5 所示，在步进电动机定子的 6 个齿上分别缠绕有 W_A、W_B、W_C 三相绕组，构成三对磁极，转子上则均匀分布着 4 个齿。步进电动机采用直流电源供电。当 W_A、W_B、W_C 三相绕组轮流通电时，通过电磁力吸引步进电动机一步一步地旋转。假设在初始状态时，A 相通电，其他两相断电，在电磁力作用下，转子的 1、3 两齿与磁极 A 对齐，如图 2-5 所示；然后切断 A 相电源，同时接通 B 相，则由于电磁力作用，转子将逆时针转过 30°，使靠近磁极 B 的 2、4 两齿与 B 对齐；接着再切断 B 相电源，接通 C 相，转子又逆时针回转 30°，使靠近磁极 C 的 1、3 两齿与 C 对齐。

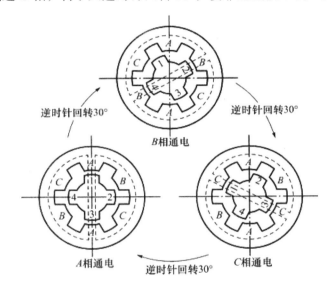

图 2-5 步进电动机工作原理

如果按上述通断电顺序（即 A → B → C → A →…）连续向各相绕组供电，则步进电动机将按逆时针方向连续旋转。每通断电一次，步进电动机转过 30°，称为一个步距角。如果改变各相绕组的通断电顺序，如 A → C → B → A →…步进电动机将按顺时针方向旋转。如果改变绕组的通断电频率，则可改变步进电动机的转速。步进电动机绕组的每一次通断电操作称为一拍，每拍中只有一相绕组通电，其余断电，这种通电方式称为单相通电方式。三相步进电动机的 A、B、C 三相轮流通电一次共需三拍，称为一个通电循环，相应的通电方式又称为三相单三拍通电方式。

如果步进电动机通电循环的每拍中都有两相绕组通电，这种通电方式称为双相通电方式。三相步进电动机采用双相通电方式时，每个通电循环也需三拍，其步距角为 30°，因

数控加工技术研究

而又称为三相双三拍通电方式，即 AB → BC → CA → AB →…

如果步进电动机通电循环的各拍中交替出现单、双相通电状态，这种通电方式称为双相轮流通电方式。三相步进电动机采用单双相轮流通电方式时，每个通电循环中共有六拍，其步距角等于15°，因而又称为三相六拍通电方式，即 A → AB → B → BC → C → CA → A →…

一般情况下，*m* 相步进电动机可采用单相通电、双相通电或单双相轮流通电方式工作，对应的通电方式分别称为 *m* 相单 *m* 拍、*m* 相双 *m* 拍或 *m* 相 2*m* 拍通电方式。

综上所述，可以得出如下结论：

1. 步进电动机定子绕组的通电状态每改变一次，它的转子便转过一个确定的角度，即步进电动机的步距角；

2. 改变步进电动机定子绕组的通电顺序，转子的旋转方向也随之改变；

3. 步进电动机定子绕组通电状态的改变速度越快，其转子旋转的速度越快，即通电状态的变化频率越高，转子的转速越高；

4. 步进电动机的步距角 θ 与定子绕组的相数 *m*、转子的齿数 *z*、通电方式有关，其计算公式为

$$\theta = \frac{360^\circ}{kmz}$$

式（2-1）

式中，三相三拍（即单拍）时，*k*=1；三相六拍（即双拍）时，*k*=2；其他依此类推。

（三）步进电动机的主要特性

1. 主要性能指标

（1）步距角及步距精度

步进电动机的步距角是反映步进电动机定子绕组的通电状态每改变一次，转子转过的角度。它是决定开环伺服系统脉冲当量的重要参数。数控机床常见的反应式步进电动机步距角一般为 0.5 ~ 3°。一般情况下，步距角越小，加工精度越高。步距精度是指理论的步距角和实际的步距角之差，以分表示。步距精度主要由步进电动机齿距制造误差、定子和转子间气隙不均匀、各相电磁转矩不均匀等因素造成。步距精度直接影响工件的加工精度及步进电动机的动态特性。

（2）启动频率（突跳频率）与启动惯频特性

空载时，步进电动机由静止突然启动，进入不失步的正常运行所允许的最高启动频率，并称为启动频率或突跳频率，用 f_q 表示。若启动时频率大于突跳频率，步进电动机就不能正常启动。f_q 与负载惯量有关，一般说来随着负载惯量的增长而下降。启动惯频特性

即指负载转矩一定时，启动频率随负载惯量变化的特性。启动惯频特性示于图 2-6 中，它反映了电动机跟踪的快速性。

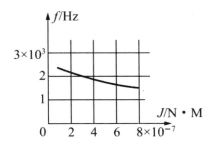

图 2-6　启动时的惯频特性

2. 静态特性

所谓静态是指步进电动机通的直流为常数且转子不动时的定位状态。静态特性主要是静态矩角特性，最大静态力矩 $M_{\max}$，还有启动力矩 M_q。

空载时，若步进电动机某相通以直流电流，则该相对应定、转子的齿槽对齐。这时转子上没有力矩输出。如果在电动机轴上加上一逆时针方向的负载力矩 M，则步进电动机转子就要逆时针方向转过一个角度 θ 才能重新稳定下来。这时转子上受到的电磁力矩 M_f 和负载力矩 M 相等。称 M_f 为静态力矩，θ 角称为失调角。$M_f = f(\theta)$ 的曲线称为力矩—失调角特性曲线，又称矩角特性，如图 2-7 所示。若步进电动机各相矩角特性差异过大，会引起精度下降和低频振荡，这种现象可以用改变某相电流大小的方法使电动机各相矩角特性大致相同。曲线的峰值叫作最大静态力矩并用 $M_{f\max}$ 表示。$M_{f\max}$ 越大，自锁力矩越大，静态误差越小。静态力矩和控制电流平方成正比。但当电流上升到磁路饱和时，$M_{f\max} = f(I)$ 曲线上升平缓。一般说明书上的最大静态力矩是在额定电流和规定通电方式下的 $M_{f\max}$。由图 2-7 还可以看出，曲线 A 和 B 的交点所对应的力矩 M_q 是电动机运行状态的最大启动力矩。随着电动机相数的增加，M_q 也增加。当外加负载超过 M_q 时，电动机就不能启动。

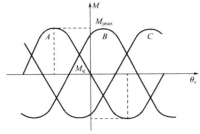

图 2-7　单相通电矩角特性

$M_{f\max}$ 这项指标反映了步进电动机的负载能力和工作的快速性。$M_{f\max}$ 值越大，电动机负载能力越强，快速性越好。

3. 动态特性

步进电动机的动态特性对快速动作及工作可靠性影响很大，与其本身的特性、负载特性、驱动方式等有关。

当控制脉冲的转换时间大于电动机的过渡过程时，电动机呈步进运动状态，即断续运行状态；当控制脉冲的频率和步进电动机的固有频率相同时，步进电动机则会发生共振现象，破坏电动机正常运行。因此除改变电动机结构外，在应用时应根据加工条件选择适当相数的电动机、合理的运行方式，并在步进电动机轴上增加阻尼，如加消振器减轻振动，消除失步；当控制脉冲的转换时间小于电动机的过渡过程时，步进电动机呈连续运行状态。一般电动机都以连续运行状态工作，在运行状态下的转矩即动态转矩。

动态转矩是指在电动机转子运行的过渡过程尚未达到稳定值时电动机产生的力矩，也即某一频率下的最大负载转矩。由于控制绕组电磁常数的存在，绕组电流的增长可近似认为是时间的指数函数，所以步进电动机的动态力矩随脉冲时间的不同，也就是随控制脉冲频率的不同而改变。脉冲频率增加，动态力矩变小。动态转矩与脉冲频率的关系称为矩频特性，如图 2-8 所示。步进电动机的动态转矩即电磁力矩随频率升高而急剧下降。

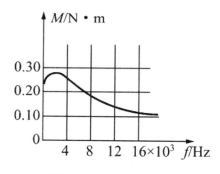

图 2-8　矩频特性曲线

步进电动机启动后，当控制脉冲频率逐渐升高仍能保证不丢步运行的极限频率，称为连续运行频率，有时称为最高连续频率或最高工作频率，记作 $f_{\max}$。连续运行频率远大于启动频率，这是由于启动时有较大的惯性扭矩并需要一定加速时间的缘故。在工作频率高于启动频率的情况下，电动机若要停止，脉冲频率必须逐步下降。同样，当要求工作频率在最高工作频率或高于突跳频率的情况下，要使电动机的工作频率大于突跳频率时，脉冲速度必须逐步上升。这种加速和减速时间不能过小，否则会出现失步或超步，这项指标反映了步进电动机的最高运行速度。步进电动机的升降速特性如图 2-9 所示。它与加速时间常数 T_a、减速时间常数 T_d、电动机工作频率和负载惯量有关。

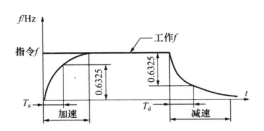

图 2-9　升降速特性曲线

三、步进电机开环进给系统的传动计算

图 2-10（a）所示为直线进给系统，系统的脉冲当量（mm）决定于步进电机的步距角。

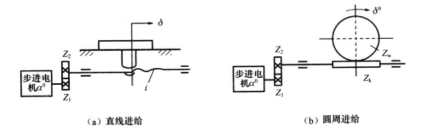

（a）直线进给　　　　　　　　　　　（b）圆周进给

图 2-10　开环进给伺服系统

齿轮传动比 i 和滚珠丝杠的导程 t（mm），其关系是

$$\frac{\alpha^\circ}{360^\circ} \cdot i \cdot t = \delta \qquad\qquad 式（2\text{-}2）$$

有

$$i = \frac{Z_1}{Z_2} = \frac{360}{\alpha t}\delta \qquad\qquad 式（2\text{-}3）$$

对于图 2-10（b）所示的圆周进给系统，如数控转台，设脉冲当量为 δ°，蜗杆为 Z_k 头，蜗轮为 Z_w 齿，则有

$$\alpha^\circ \cdot \frac{Z_1}{Z_2} \cdot \frac{Z_\mathrm{k}}{Z_\mathrm{w}} = \delta^\circ \qquad\qquad 式（2\text{-}4）$$

步进电机开环进给系统的脉冲当量一般取为 0.01 mm 或 0.001°，也有选用 0.005 ~ 0.002 mm 或者 0.005 ~ 0.002° 的，脉冲当量小，进给位移的分辨率和精度就高，但是由于进给速度 $v = 60f\delta$（mm/min）或 $\omega = 60f\delta$（mm/min），在同样的最高工作频率 f 时，δ 越小则最大进给速度值也越小。步进电机的进给系统使用齿轮传动，不仅是为了求得所需的脉冲当量，还有满足结构要求和增大转矩的作用。

四、步进电动机的控制与驱动

（一）脉冲分配控制

由步进电动机的工作原理可知，要使步进电动机正常运转，必须按一定顺序对定子各相绕组励磁，以产生旋转磁场，即将指令脉冲按一定规律分配给步进电动机各相绕组。实现这一功能的器件称为分配器或环形分配器，可由硬件电路或软件程序来实现。

1. 硬件脉冲分配器

脉冲分配器按一定的顺序导通和截止使相应的绕组通电或断电。它由门电路、触发器等基本逻辑功能元件组成。目前市场上已有多种集成化的脉冲分配器芯片可供选用。国产 YB 系列集成脉冲分配器型号为 YB013（三相）、YB014（四相）、YB015（五相）、YB016（六相）。其主要性能参数见表 2-2，各管脚功能见表 2-3，其中励磁方式控制端 A_0、A_1 的控制信号电平状态与励磁（通电）方式的对应关系见表 2-4。

表 2-2 集成脉冲分配器主要性能参数

性能	输出高电平 V	输出低电平 V	输入低电平 V	输入高电平 V	吸入电流 mA	工作频率 kHz	电源电压 V	环境温度 ℃
参数	≥ 2.4	≤ 0.4	≤ 0.8	2.4	1.6	0 ~ 160	5 ± 0.5	0 ~ 70

表 2-3 集成脉冲分配器各管脚功能

相数 管脚号	三	四	五	六
1	选通输出控制端 $\overline{E_0}$	选通输出控制端 $\overline{E_0}$	A 相输出端	A 相输出端
2	清零端 $\overline{RST}$	清零端 $\overline{RST}$	选通输出控制端 $\overline{E_0}$	选通输出控制端 $\overline{E_0}$
3	励磁方式控制端 A_1	励磁方式控制端 A_1	清零端 $\overline{RST}$	清零端 $\overline{RST}$
4	励磁方式控制端 A_0	励磁方式控制端 A_0	励磁方式控制端 A_1	励磁方式控制端 A_1
5	选通输出控制端 $\overline{E_1}$	选通输出控制端 $\overline{E_1}$	励磁方式控制端 A_0	励磁方式控制端 A_0
6	选通输出控制端 $\overline{E_2}$	选通输出控制端 $\overline{E_2}$	选通输出控制端 $\overline{E_1}$	选通输出控制端 $\overline{E_1}$

（续表）

相数\管脚号	三	四	五	六
7	（空）	（空）	选通输出控制端 $\bar{E}_2$	选通输出控制端 $\bar{E}_2$
8	（空）	（空）	时钟脉冲输入端 CP	反转控制端 $-\Delta$
9	地端 GND	地端 GND	地端 GND	地端 GND
10	时钟脉冲输入端 CP	时钟脉冲输入端 CP	反转控制端 $-\Delta$	时钟脉冲输入端 CP
11	反转控制端 $-\Delta$	反转控制端 $-\Delta$	正转控制端 $+\Delta$	正转控制端 $+\Delta$
12	正转控制端 $+\Delta$	正转控制端 $+\Delta$	出错报警输出端 S	出错报警输出端 S
13	出错报警输出端 S	（空）	E 相输出端	F 相输出端
14	（空）	D 相输出端	D 相输出端	E 相输出端
15	C 相输出端	C 相输出端	C 相输出端	D 相输出端
16	电源 V_{cc}	电源 V_{cc}	B 相输出端	C 相输出端
17	B 相输出端	B 相输出端	（空）	B 相输出端
18	A 相输出端	A 相输出端	电源 V_{cc}	电源 V_{cc}

表 2-4　励磁（通电）方式控制表

控制电平		励磁方式			
A0	A1	YB013	YB014	YB015	YB016
0	0	A → B → C → A → …	A → B → C → D → A → …	A → B → C → D → E → A → …	A → B → C → D → E → F → A →
0	1	AB → BC → CA → AB → …	AB → BC → CD → DA → AB → …	ABC → BCD → CDE → …	ABC → BCD → CDE → DEF → …
1	0	A → AB → B → BC → C → …	A → AB → B → BC → C → CD → …	AB → ABC → BC → BCD → …	AB → ABC → BC → BCD → …
1	1	A → AB → B → BC → C → …	AB → ABC → BC → BCD → …	AB → ABC → BC → BCD → …	ABC → ABCD → BCD → BCDE → …

图 2-11 所示采用通用微机接口芯片 8255 和脉冲分配器 YB014 组成的步进电动机脉冲分配控制电路原理图。图中，A_0 接电源，A_1 接地，构成四相八拍控制。当 8255 的 PA_0 口线输出高电平时，控制步进电动机正转；输出低电平时，控制步进电动机反转。8255 的 PA_1 口线输出的脉冲数量决定步进电动机的转角，脉冲频率决定步进电动机的转速。

2. 软件脉冲分配器

软件脉冲分配器是实现脉冲分配控制的计算机程序。它不需要额外电路，成本低，但占用计算机运行时间。

软件脉冲分配器控制的基本原理：根据步进电动机与计算机的接线情况及通电方式列出脉冲分配控制数据表，运行时按节拍序号查表获得相应的控制数据，在规定时刻通过输出口将数据输出到步进电动机驱动电路。下面通过实例介绍软件脉冲分配器的实现方法。

图 2-12 所示为采用单片机 8031 对数控 X-Y 工作台的两台四相步进电动机进行控制的接口电路原理图。图中采用了负逻辑控制，即当 8031 的 P1 口某一口线输出低电平 "0" 时，对应的步进电动机绕组被接通。表 2-5 是按图 2-12 列出的四相八拍脉冲分配控制数据表。

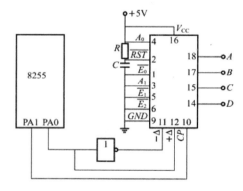

图 2-11　四相八拍脉冲分配控制原理图

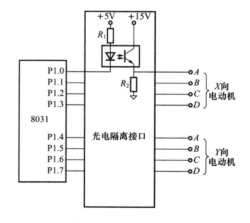

图 2-12　单片机与步进电动机接口电路

由表 2-5 可见,当 8031 的 P1 口输出数据 EEH 时,X 向和 Y 向两个步进电动机的 A
相绕组都通电;当输出数据 CCH 时,Y 向步进电动机的 A 相通电,X 向步进电动机的 A、
B 两相通电。当按节拍序号顺序循环控制时,步进电动机正转;当按倒序循环控制时,步
进电动机反转。

表 2-5　四相八拍脉冲分配控制数据表

节拍序号	Y 向电动机				X 向电动机				通电相数	控制数据
	P1.7	P1.6	P1.5	P1.4	P1.3	P1.2	P1.1	P1.0		
	D	C	B	A	D	C	B	A		
1	1	1	1	0	1	1	1	0	A	EEH
2	1	1	0	0	1	1	0	0	AB	CCH
3	1	1	0	1	1	1	0	1	B	DDh
4	1	0	0	1	1	0	0	1	BC	99H
5	1	0	1	1	1	0	1	1	C	BBH
6	0	0	1	1	0	0	1	1	CD	33H
7	0	1	1	1	0	1	1	1	D	77H
8	0	1	1	0	0	1	1	0	DA	66H

(二)速度控制

通过脉冲分配频率可实现步进电动机的速度控制。速度控制也有硬件、软件两种方
法。硬件方法是在硬件脉冲分配器的时钟输入端(CP)接一可变频率脉冲发生器,改变
其振荡频率,即可改变步进电动机速度。下面主要介绍软件方法。

软件方法常采用定时器来确定每相邻两次分配的时间间隔,即脉冲分配周期,并通
过中断服务程序向输出口分配控制数据。若利用 8031 单片机控制步进电动机,采用其
CTC0(零号定时 / 计数器)作为定时器时,则速度控制程序为:

FC:MOVTL0,5BH;5AH、5BH 中存放与速度相应的定时常数

MOV THO,5AH;相应的定时常数

SETB TR0;启动定时器

其他程序,如脉冲分配等

INTR0:MOV TL0,5BH;重装定时常数

MOV THO,5AH

MOV P1，55H；输出脉冲分配控制数据

RETI；中断返回

程序中前三条指令的作用是预置定时常数及启动定时器，可放在主程序中执行，也可作为子程序调用。定时器启动后，计算机可进行其他工作。当有定时中断申请时，CPU 响应中断，从标号为 INTR0 的中断服务程序入口开始进行中断服务。首先重装定时常数，为下一节拍做好准备，然后 P1 口输出 55H 中寄存脉冲分配控制数据。

速度控制的关键是定时常数的确定。设数控 X-Y 工作台的脉冲当量为 S（mm），要求的运动速度为 v（mm/min），8031 的晶振频率为 f_{osc}（Hz），采用 CTCO 的工作模式 1（即 16 位定时器模式），则定时常数 T_x（s）可按下式确定。

$$T_x = 2^{16} - \frac{5f_{osc}\delta}{v} \qquad \text{式（2-5）}$$

（三）自动升降速控制

由于步进电动机转子的本身惯量较大，致使启动频率不高，尤其在步进电动机带了负载以后，启动频率将会大大下降。为使步进电动机能在较高的频率下可靠运行，可对其升降速度进行控制，使脉冲信号能按一定的规律升频和降频。图 2-13 所示为自动升降速电路的结构框图，其工作原理：设 P_a 为运算器送来的进给脉冲，其频率为 f_a，P_b 为实际送入步进电动机分配器的工作脉冲，其频率为 f_b。

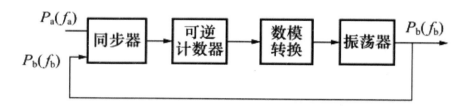

图 2-13　自动升降速电路结构框图

P_a 和 P_b 都经同步器送入可逆计数器。同步计数器的作用在于保证不丢失 P_a 和 P_b，并使 P_a 送入可逆计数器时做加法，P_b 送入可逆计数器做减法。可逆计数器中记下的是进给脉冲与工作脉冲之差，设此数为 N，送入数模转换装置，将 N 的变化转换成电阻值 R 的变化，然后通过 R 的变化改变振荡频率。由于该电路为闭环系统，当输入量 f_a 为阶跃值时，输出量 f_b 却是缓慢变化的，从而达到自动升降速的目的。由上述分析可知，只有当可逆计数器内的存数 N 不为零时，才有输出脉冲。在输入不变的进给脉冲 f_a 后，工作脉冲 f_b 则是一个变量，它从某一低频 f_b 升高到 f_a。而 f_a、f_b 都要送可逆计数器，为避免两者由于

重叠或相隔很短造成的计数误差，使它们都通过同步器，保证其计数正确。

在进给开始时，$f_a > f_b$，可变频振荡器的频率较低，所以反馈脉冲（即工作脉冲）数比进给脉冲数少，因而可逆计数器的寄存器数 N 逐渐增加，振荡器的频率逐步提高，经过时间 t 后使 $f_a = f_b$，达到平衡，这就是升速过程。在 $f_a = f_b$ 时，可逆计数器的存数不变，因而振荡器的频率也稳定下来，这时反馈脉冲频率和进给脉冲频率相一致，这就是恒速过程。如果运算已达到终点，进给脉冲 f_a 变为零，此时可逆计数器只有反馈脉冲。因此，可逆计数器中的存数逐渐减少，反馈脉冲的频率也逐步降低，直到可逆计数器中存数为零，即可逆计数器全为"0"，步进电动机才停止工作，这个过程就是降速过程。

由上分析可知，在整个升速、恒速和降速过程中，步进电动机所走的步数和指令的进给脉冲数相等，整个升降速过程可用图 2-14 表示。

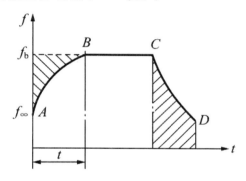

图 2-14　自动升降速过程

步进电动机的自动升降速控制除了可以由电子电路实现外，也可以由计算机软件实现。当前，应用微型计算机控制步进电动机越来越广泛。应用微型计算机，特别是单片微机控制步进电机，设计简单，价格低，应用方便，系统可靠，灵活性大。升降速控制由软件实现是很自然的。

步进电动机升降速控制可以遵循不同的控制规律，图 2-15 绘出了常用的升降速规律。图 2-15（a）绘出了线性升降速控制特性。这种控制是以恒定的加速度进行升降速，实现容易，方法简单，但加速时间较长。图 2-15（b）所示为指数曲线升降速控制，这种特性从步进电动机运行矩频特性推导出来，符合步进电动机加减速的运动规律，能充分利用步进电动机的有效转矩，因而，快速响应好，缩短了升降速时间。图 2-15（c）绘出了抛物线升降速控制特性。这种方法充分利用步进电动机低速时的有效转矩，使升降速时间大大缩短。

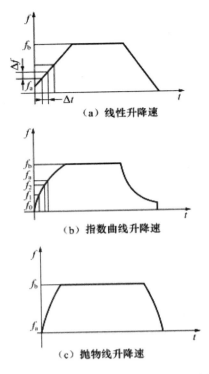

图 2-15　几种常用的升降速控制曲线

（四）步进电动机的驱动

要使步进电动机输出足够的转矩，必须采用功率驱动器（功率放大电路）对控制信号进行放大以驱动负载工作。步进电动机的功率驱动电路种类很多，可以用晶体管驱动电源、高频晶闸管驱动电源、可关断晶闸管驱动电源和混合元件驱动电源等。驱动电源可以是单电压驱动、高低电压驱动、斩波型驱动等。下面介绍几种典型驱动电路。

1. 单电压驱动电路

如图 2-16 给出了单电压驱动电路，图中只给出步进电动机的一相驱动电路，其他各相驱动电路相同。图中，适当选择 R_1、R_2、R_3 的阻值，使得当输入信号 u_A 为低电平（0.3 V）时，$u_{b2} < 0$（约为 -1 V），这时功率管 BG_3 截止。当输入信号为高电平（> 3.6 V），$u_{b2} > 0$（约为 0.7 V），功率管 BG_3 饱和导通，步进电动机的 A 相绕组中有电流。同样，B 相、C 相等绕组，只要某相为逻辑高电平，相应的相便导通。

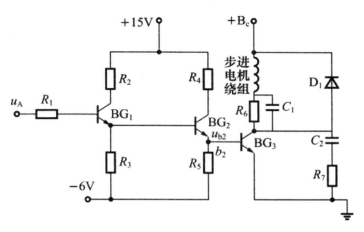

图 2-16 单电压驱动电路

2. 高低电压驱动电路

为了改善步进电动机的频率响应，改善激磁电流的波形，一种方法是提高电流上升时间段的激磁电压，当电流上升到一定值后，再将激磁电压减为额定值。这就是高低电压驱动的原理，其电路如图 2-17 所示。当 u_A 为高电平时，使 BG_g、BG_d 均导通，在高低压电源作用下（D_1 处于截止状态，使低压不对绕组作用），绕组电流迅速上升，电流前沿很陡，当电流达到或超过额定电流时，利用定时电路或电流检测等措施切断 BG_g 的基极电压，于是 BG_g 截止，但 BG_d 仍是导通的，绕组电流立即转而由低电压电源经过二极管 D_1 供给。绕组中的电流限制在额定激磁电流 I_{WY} 值。当 u_A 为低电平时，u_{bg}、u_{bd} 均为低电平，BG_g、BG_d 均截止，绕组中反电势经二极管 D_2 和电阻 RF_2 向高压电源放电，绕组中电流迅速下降。

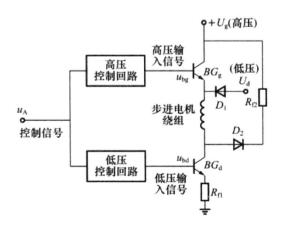

图 2-17 高低电压驱动电路

采用高低压驱动电源，步进电动机绕组不需要串联电阻，电源功率损耗较小。图 2-18 给出了高低压驱动电源加在绕组上的电压、电流波形。在图 2-18（b）中的 t_a 期间绕组施以高电压，t_a 可以通过定时电路或绕组中的电流检测得到。

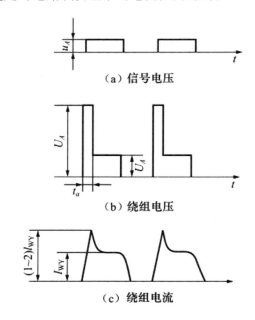

（a）信号电压

（b）绕组电压

（c）绕组电流

图 2-18　高低压驱动时的电压和电流波形

3. 斩波型驱动电路

这种电路采用单一高压电源供电，以加快电流上升速度，并通过对绕组电流的检测，控制功放管的开和关，使电流在控制脉冲持续期间始终保持在规定值上下，其波形如图 2-19 所示。图 2-20 是一个高低电压驱动的电流斩波控制电路。图中，电动机绕组回路中串接一个电流检测环节，当绕组电流上升到某一数值或下降到某一数值时，电流检测环节输出一信号，与分配器送来的 u_A 脉冲进行综合，经过高电压电流放大器控制高压管 BG_g 的导通与关断。低压管 BG_d 直接与 u_A 信号经电流放大器进行控制。

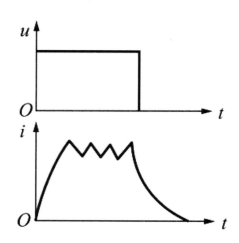

图 2-19　斩波限流驱动电路波形图

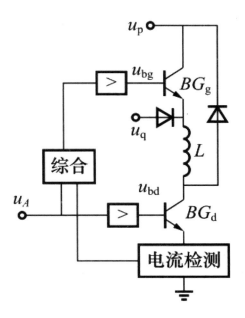

图 2-20　斩波型驱动电路

五、提高步进伺服系统精度的措施

步进式伺服驱动系统是一个开环系统，在此系统中，步进电机的质量、机械传动部分的结构和质量，以及控制电路的完善与否，均影响系统的工作精度。要提高系统的工作精度，应从这几个方面考虑：如改善步进电机的性能，减小步距角；采用精密传动副，减少传动链中传动间隙等。但这些因素往往由于结构和工艺的关系而受到一定的限制。为此，需要从控制方法上采取一些措施，弥补其不足。

（一）传动间隙补偿

在进给传动结构中，提高传动元件的制造精度并采取消除传动间隙的措施，可以减小但不能完全消除传动间隙。由于间隙的存在，接收反向进给指令后，最初的若干个指令脉冲只能起到消除间隙的作用。因此产生了传动误差。传动间隙补偿的基本方法是：当接收反向位移指令后，首先不向步进电动机输送反向位移脉冲，而是由间隙补偿电路或补偿软件产生一定数量的补偿脉冲，使步进电机转动越过传动间隙，然后按指令脉冲使执行部件做出准确的位移。间隙补偿的数目由实测决定，并作为参数存储起来。接收反向指令信号后，每向步进电机输送一个补偿脉冲的同时，将所存的补偿脉冲数减 1 直至存数为零时，发出补偿完成信号控制脉冲输出门向步进电机分配进给指令脉冲。

（二）螺距误差补偿

在步进式开环伺服驱动系统中，丝杠的螺距累积误差直接影响工作台的位移精度，若想提高开环伺服驱动系统的精度，就必须予以补偿。补偿原理如图 2-21 所示。通过对丝杠的螺距进行实测，得到丝杠全程的误差分布曲线。误差有正有负，当误差为正时，表明实际的移动距离大于理论的移动距离，应该采用扣除进给脉冲指令的方式进行误差的补偿，使步进电动机少走一步；当误差为负时，表明实际的移动距离小于理论的移动距离，应该采取增加进给脉冲指令的方式进行误差的补偿，使步进电动机多走一步。具体的做法如下：

1. 安置两个补偿杆分别负责正误差和负误差的补偿；

2. 在两个补偿杆上，根据丝杠全程的误差分布情况及上述螺距误差的补偿原理，设置补偿开关或挡块；

3. 当机床工作台移动时，安装在机床上的微动开关每与挡块接触一次，就发出了一个误差补偿信号，对螺距误差进行补偿，以消除螺距的累积误差。

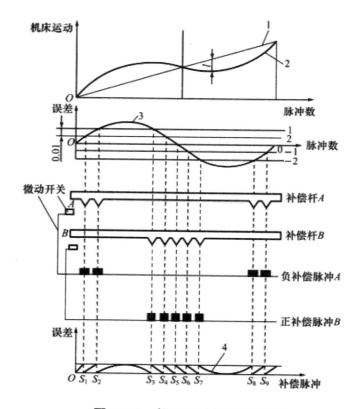

图 2-21　螺距误差补偿原理图

（三）细分线路

所谓细分线路，是把步进电动机的一步再分得细一些。如十细分线路，将原来输入一个进给脉冲步进电动机走一步变为输入 10 个脉冲才走一步。换句话说，采用十细分线路后，在进给速度不变的情况下，可使脉冲当量缩小到原来的 1/10。

若无细分，定子绕组的电流是由零跃升到额定值的，相应的角位移如图 2-22（a）所示。采用细分后，定子绕组的电流要经过若干小步的变化，才能达到额定值，相应的角位移如图 2-22（b）所示。

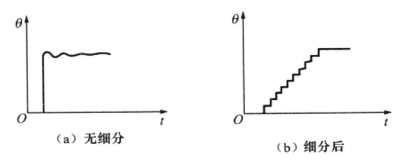

图 2-22　细分前后的一步角位移波形图

第二节　数控机床的检测装置

检测装置是闭环伺服系统的重要组成部分。它的作用是检测各种位移和速度，发送反馈信号，构成闭环控制。闭环控制的数控机床的加工精度主要取决于检测系统的精度。位移检测系统能够测量出的最小位移量称为分辨率。分辨率不仅取决于检测装置本身，也取决于测量线路。因此，研制和选用性能优越的检测装置是很重要的。一般来说，数控机床上使用的检测装置应满足以下要求：

1. 工作可靠，抗干扰性强；

2. 使用维护方便，适应机床的工作环境；

3. 满足精度、速度和机床工作行程的要求；

4. 成本低。

用于数控机床上的检测装置见表 2-6。

表 2-6　数控机床常用的检测装置

	数字式		模拟式	
	增量式	绝对式	增量式	绝对式
回转型	圆光栅	编码盘	旋转变压器，圆磁栅，圆感应同步器	旋转变压器
直线型	长光栅 激光干涉仪	编码尺	直线感应同步器，磁栅容栅	绝对式磁尺

通常，检测装置的检测精度为 ±0.001 ~ ±0.002mm/m，分辨率为 0.001 ~ 0.01 mm/m，能满足机床工作台以 0 ~ 24 m/min 的速度驱动。不同类型数控机床对检测装置的精度和适应的速度要求是不同的，对大型机床以满足速度要求为主，对中小型机床和高精度机床以满足精度要求为主。选择测量系统的分辨率应比加工精度高一个数量级。

一、旋转变压器

旋转变压器是一种常用的转角检测元件，由于它结构简单，工作可靠，且其精度能满足一般的检测要求，因此被广泛应用在数控机床上。

（一）旋转变压器的结构

旋转变压器的结构和两相绕线式异步电动机相似，可分为定子和转子两大部分。其绕组分别嵌入各自的槽状铁芯。定子绕组通过固定在壳体上的接线引出。转子绕组有两种不同的引出方式，根据转子绕组两种不同的引出方式可将旋转变压器分为有刷式和无刷式两种结构形式。有刷式旋转变压器的转子绕组是通过滑环和电刷直接引出的。无刷式旋转变压器分为两大部分，即旋转变压器本体和附加变压器。附加变压器的一次侧、二次侧铁芯及绕组均做成环形，分别固定于壳体和转子轴上，径向留有一定的间隙。旋转变压器本体的绕组与附加变压器二次侧绕组连在一起，因此，通过电磁耦合，附加变压器二次侧上的电信号（也就是旋转变压器转子绕组中的电信号）经附加变压器二次绕组间接地送了出去。

（二）旋转变压器的工作原理

旋转变压器在结构上保证了其定子和转子之间空气间隙内磁通分布符合正弦规律。因此，当励磁电压加到定子绕组时，通过电磁耦合，转子绕组便产生感应电势。图 2-23 所示为两极旋转变压器电气工作原理图，图中 Z 为阻抗。设加在定子绕组 S_1S_2 中的励磁电压以角速度 ω 随时间 t 变化的交变电压 $V_s = V_m \sin \omega t$，则转子绕组 B_1B_2 中的感应电势为

$$V_B = KV_s \sin \theta = KV_m \sin \theta \sin \omega t \qquad 式（2-6）$$

式中，K 为旋转变压器的电压比，V_m 为定子绕组中交变电压的幅值，θ 为转子的转角。

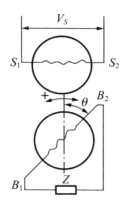

图 2-23 两极旋转变压器电气工作原理图

当转子和定子的磁轴垂直时，$\theta = 0$。如果转子安装在机床的丝杠上，定子安装在机床底座上，则 θ 角代表的是丝杠转过的角度，即工作台移动距离。

由上式可知，转子绕组中的感应电势 V_B 为以角速度 ω 随时间 t 变化的交变电压信号。其幅值 $KV_m\sin\theta$ 随转子和定子的相对位置 θ 以正弦函数变化。因此，只要测量出转子绕组中的感应电势的幅值，便可间接地得到转子相对定子的位置。

在实际应用中，常采用四极绕组式旋转变压器，而且多是正弦余弦旋转变压器，如图 2-24 所示。其定子和转子绕组中各有互相垂直的匝数相等的两个绕组。图中 S_1S_2 为定子主绕组，K_1K_2 为定子辅助绕组，而转子的两个绕组 A_1A_2 和 B_1B_2，如果一个是正弦绕组，另一个就是余弦绕组。就是说，当对定子绕组励磁时，经过电磁耦合作用，在转子绕组上得到的输出电压的幅度，严格地按转子转角 θ 的正弦或余弦规律变化（正弦转子绕组输出正弦电压，余弦转子绕组输出余弦电压），其频率和励磁电压的频率相同。上述结构形式的旋转变压器有两种工作方式，一种叫鉴相式，一种叫鉴幅式。

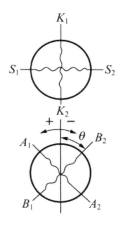

图 2-24 四极绕组旋转变压器

1. 鉴相式工作方式

鉴相式工作方式是根据旋转变压器转子绕组中感应电动势的相位来确定被测位移大小的检测方式。当 S_1S_2 和 K_1K_2 中分别通以交流励磁电压

$$\begin{cases} V_s = V_m \cos \omega t \\ V_k = V_m \sin \omega t \end{cases}$$ 式（2-7）

根据线性叠加原理，在转子绕组 B_1B_2 中的感应电动势 V_B 为

$$V_B = V_{BS} + V_{BK} = KV_m \sin(\omega t - \theta)$$ 式（2-8）

式中，V_{BS} 和 V_{BK} 分别是励磁电压 V_S 和 V_K 在转子绕组 B_1B_2 中的感应电动势。

由上述可见，旋转变压器转子绕组中的感应电动势 V_B 与定子绕组的励磁电压同频率，但相位不同，其差值为 θ。因 θ 角代表的是被测位移的大小，故通过比较感应电动势与定子励磁电压信号的相位，便可求出旋转变压器转子相对于定子的转角 θ，即被测位移的大小。

2. 鉴幅式工作方式

鉴幅式工作方式是通过对旋转变压器转子绕组中感应电动势幅值的检测来实现检测的。设定子绕组 S_1S_2 和 K_1K_2 分别输入以角速度 ω 随时间 t 变化的交流励磁电压

$$\begin{cases} V_s = V_m \cos \varphi \sin \omega t \\ V_k = V_m \sin \varphi \sin \omega t \end{cases}$$ 式（2-9）

其中，$V_m \cos \varphi$ 和 $V_m \sin \varphi$ 分别为励磁电压 V_s 和 V_k 的幅值，φ 角可由伺服系统产生，通常称 φ 为旋转变压器的电气角。

根据叠加原理，可以得出转子绕组 B_1B_2 中的感应电动势为

$$V_B = V_{BS} + V_{BK} = V_m \sin(\varphi - \theta) \sin \omega t$$ 式（2-10）

由上式可以看出，感应电动势 V_B 是以角速度 ω 为角频率的交变信号，其幅值为 $V_m \sin(\varphi - \theta)$。若电气角 φ 已知，那么只要测量出 V_B 的幅值，便可间接地求出 θ 值，即被测位移的大小。特别当感应电动势 V_B 为零时，即

$$V_m \sin(\varphi - \theta) = 0$$

可得

$$\varphi = \theta$$ 式（2-11）

该式说明旋转变压器电气角 φ 的大小就是被测角位移的大小。只要逐渐地改变 φ 值，

使 V_B 的幅值等于零，便可根据 φ 值的大小得出被测位移 θ 值。

二、感应同步器

感应同步器是一种电磁式位置检测元件，按其结构特点一般分为直线式和旋转式两种。直线式感应同步器由定尺和滑尺组成，旋转式感应同步器由转子和定子组成。前者用于直线位移测量，后者用于角位移测量。它们的工作原理都与旋转变压器相似。感应同步器具有检测精度比较高、抗干扰性强、寿命长、维护方便、成本低、工艺性好等优点，广泛应用于数控机床及各类机床数控改造。下面仅以直线式感应同步器为例，对其结构特点和工作原理进行叙述。

（一）感应同步器的结构和工作原理

标准直线式感应同步器结构、尺寸如图 2-25 所示。其中长尺叫定尺，短尺叫滑尺，定尺和滑尺的基板由与机床热膨胀系数相近的钢板做成，钢板上用绝缘胶黏剂贴有钢箔，并利用照相腐蚀的办法做成印刷绕组。

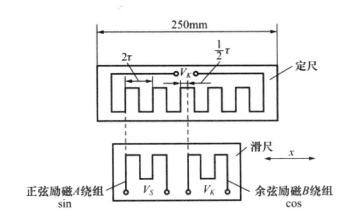

图 2-25　感应同步器的结构示意图

定尺和滑尺上的绕组均为矩形绕组，其中定尺绕组是连续的，滑尺上分布着两个励磁绕组，分别为正弦绕组（sin 绕组）和余弦绕组（cos 绕组）。它们在长度方向相差 1/4 节距。绕组在长度方向的分布周期称为节距 T，又称极距，一般为 2 mm，用 2τ 表示。滑尺和定尺相对平行安装。当对滑尺上某一绕组施加给定频率的交流电压时，由于电磁感应作用，在定尺绕组中产生感应电势。定尺绕组中感应的总电势是滑尺上正弦绕组和余弦绕组所产生的感应电势的矢量和。定、滑尺处于不同相对位置时定尺绕组中感应电势的变化情况如图 2-26 所示。

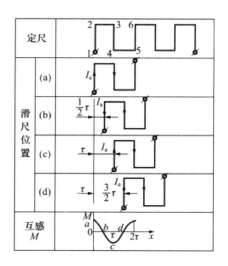

图 2-26 感应同步器的工作原理

在图 2-26（a）的位置，滑尺绕组（设为 cos 绕组）与定尺绕组正好互相叠合。滑尺绕组通入励磁电流后所产生的磁通正好与定尺绕组全部交链。定尺绕组所构成的两个矩形面积 1、2、3、4 和 3、4、5、6 内的磁通达到最大值。相应地，在定尺绕组中感应出的电势也达到最大值，移到图 2-26（b）的位置时，滑尺绕组移动了 1/4 节距。这时定尺绕组所构成的两个矩形 1、2、3、4 和 3、4、5、6 内的磁通总量为零。相应地，定尺绕组中感应出的电势也是零。可用类似的方法，分析出图 2-26（c）和图 2-26（d）处的位置情况。图中 I_a 是滑尺绕组励磁电流。由此可见，定尺绕组中感应出的电势和定、滑尺绕组之间的相对位置有关。如果把图 2-26（a）的位置定为位移 x 的 0 点，一个节距是 2τ，它对应于感应电势的变化周期 2π，则定尺绕组中感应电势 V_{oc} 位移 x 的关系可表示为

$$V_{oc} = V_m \cos \theta$$

$$\theta = \frac{x}{2\tau} 2\pi = \frac{x}{\tau} \pi \qquad \text{式（2-12）}$$

式中，V_m 为定尺绕组中感应电势的幅值；θ 为与位移 x 对应的角度，定、滑尺相对移动一个节距 2τ，θ 从 0 变到 2π。

因为正弦绕组相对于余弦绕组有（$m+1/4$）T 的位移，$m=1$，2，3，…，所以余弦绕组相对零点移动了距离 x，则正弦绕组相对零点的位移就是 $x+$（$m+1/4$）T。可得正弦绕组在定尺绕组中的感应电势为

$$V_{oc} = V_m \cos \dfrac{x + \left(m + \dfrac{1}{4}\right)T}{2\tau} 2\pi$$

$$= V_m \cos\left(\dfrac{x}{\tau}\pi + \dfrac{1}{2}\pi\right) = V_m \sin\theta \qquad\qquad \text{式（2-13）}$$

（二）感应同步器的工作方式

1. 鉴相法

令施加于正弦绕组中的励磁电压 $V_c = V_m \sin\omega t$，施加于 cos 绕组中的励磁电压 $V_s = V_m \cos\omega t$，V_m、ω 分别是励磁电压的幅值和频率，它在定尺绕组中产生的感应电势分别为

$$\begin{cases} V_{os} = KV_s \sin\theta = KV_m \cos\omega t \sin\theta \\ V_{oc} = KV_c \cos\theta = KV_m \sin\omega t \cos\theta \end{cases} \qquad\qquad \text{式（2-14）}$$

式中，K 为 0 电磁耦合系数，则定子绕组感应的电势为

$$V_o = V_{oc} + V_{os} = KV_m \sin(\omega t + \theta) \qquad\qquad \text{式（2-15）}$$

只要测出余弦绕组电压 V_c 和定子绕组感应电势 V_o 之间的相位差 θ，就可得到位移 x。

2. 鉴幅法

这种方法在感应同步器滑尺的 cos、sin 两个绕组上分别施加频率相同、幅值不同的正弦电压。此两个正弦电压的幅值又分别与电气角 φ 呈正、余弦关系。即

$$\begin{cases} V_c = V_m \sin\varphi \sin\omega t \\ V_s = V_m \cos\varphi \sin\omega t \end{cases} \qquad\qquad \text{式（2-16）}$$

这两个电压分别在定子绕组中产生的感应电动势为

$$\begin{cases} V_{oc} = KV_m \sin\varphi \sin\omega t \cos\theta \\ V_{os} = KV_m \cos\varphi \sin\omega t \sin\theta \end{cases} \qquad\qquad \text{式（2-17）}$$

把励磁电压接到 sin 绕组和 cos 绕组时，若使它们在定尺绕组中感应的电势是相减，则

$$V_o = V_{os} - V_{oc} = V_{om} \sin\omega t \qquad\qquad \text{式（2-18）}$$

式中，$V_{om} = KV_m \sin(\theta - \varphi)$ 是定尺绕组感应电动势的幅值，显然 V_{om} 与电气角 φ 和位移角 θ 有关，和分析旋转变压鉴幅工作方式一样，若电气角 φ 已知，那么只要测量出 V_{om} 的幅值，便可间接地求出被测位移 θ 值的大小。特别当感应电动势 V_{om} 为零时，即

$$V_m \sin(\theta - \varphi) = 0$$

可得

$$\varphi = \theta \qquad\qquad 式(2-19)$$

这种工作方式可用于检测位移，也可用于定位控制。当测量两点间位移量时，可使两运动部件在起点处于平衡状态（$\varphi = \theta$），而后滑尺随着运动部件移动直至终点。随着滑尺的移动，θ 不断变化，平衡被破坏，$\varphi \neq \theta$，$V_o \neq 0$。通过系统利用 V_o 控制 φ 角跟踪 θ 的改变。当滑尺移至终点，且 φ 角赶上 θ 角时，系统又恢复平衡。φ 角的改变量也就是 θ 角的大小，从而可测出位移 x。当感应同步器用于定位控制系统时，可用 φ 角作为位置指令，让 θ 角跟踪平角。当 θ 角跟不上 φ 角时，输出电势 $V_o \neq 0$；经过伺服系统使运动部件运动，θ 角继续跟踪 φ，直到 θ 角等于预先给定的指令角 φ 时，系统停止运动，实现定位控制的目的。

三、光栅

光栅作为检测装置的历史长久，它可用以测量长度、角度、速度、加速度、振动和爬行等。在数控机床进给伺服系统中，光栅被用来检测直线位移、角位移和移动速度。用长光栅（或称直线光栅）来测量直线位移，用圆光栅来测量角位移。将激光测长技术用于刻制光栅，可以制造出精度很高的光栅尺，因而使光栅检测的分辨率与精度有了很大的提高，光栅检测的分辨率可达微米级，通过细分电路细分可达 0.1 μm，甚至更高的水平。

（一）光栅检测装置的结构

光栅检测装置由光源、透镜、指示光栅、光电元件、驱动电路及标尺光栅组成。前 5 个元器件安装在同一个支架上，构成光栅读数头，它固定在执行部件的固定零件上，标尺光栅则安装在执行部件的被测移动零件上。标尺光栅与指示光栅的尺面应相互平行，并保有 0.05 ~ 0.1 mm 的间隙。执行部件带着标尺光栅相对指示光栅移动，通过读数头的光电转换，发送出与位移量对应的数字脉冲信号，用作位置反馈信号或位置显示信号。

1. 光栅尺

光栅尺指的是标尺光栅和指示光栅。根据制造方法和光学原理的不同，光栅可分为透射光栅和反射光栅。透射光栅是在经磨制的光学玻璃表面，或在玻璃表面感光材料的涂层上刻成光栅线纹。这种光栅的特点是：光源可以垂直入射，光电元件直接接受光照，因此信号幅值比较大，信噪比好，光电转换器（光栅读数头）的结构简单；同时光栅每毫米的线纹数多，如刻线密度为 200 线 /mm 时，光栅本身就已经细分到 0.005 mm，从而减轻了电子线路的负担。其缺点是：玻璃易破裂，热膨胀系数与机床金属部件不一致，影响测量精度。反射光栅是用不锈钢带经照相腐蚀或直接刻线制成，金属反射光栅的特点是：光栅和机床金属部件的线膨胀系数一致，增加光栅尺的长度很方便，可用钢带做成长达数米的长光栅。反射光栅安装在机床上所需的面积小，调整也很方便，适应于大位移测量的场所。其缺点是：为了使反射后的莫尔条纹反差较大，每毫米内线纹不宜过多，常用线纹数为 4、10、25、40、50。

上述为直线光栅，此外还有测量角位移的圆光栅，圆光栅刻有辐射形的线纹，相互间的夹角相等。根据不同的使用要求，在圆周内线纹的数制也不相同，一般有二进制、十进制和六十进制三种形式。如一种直径为 ϕ270 mm、360 进制的圆光栅，一周内有刻线 10 800 条。

光栅线纹是光栅的光学结构，相邻两线纹间的距离称为栅距 ω，可根据所需的测量分辨率来确定单位长度上的刻线数目，称为线纹密度，常见的线纹密度为每毫米 4、10、25、50、100、200、250 线。国内机床上一般采用线纹密度为 100、200 线 /mm 的玻璃透射光栅。玻璃透射光栅尺的长度一般为 1 ~ 2 m，测量长度在 2 m 以内。在位移长度大的重大型机床上只能采用不锈钢带做成的反射光栅。

2. 光栅读数头

光栅读数头与标尺光栅配合起光电转换作用，将位移量转换成脉冲信号输出。此外还有分光读数头、镜像读数头和反射读数头等。

（二）莫尔条纹

指示光栅与标尺光栅的节距同为 ω，两块光栅的刻线面平行放置，并将指示光栅在其自身平面内倾斜一个很小的角度 θ，两块光栅的刻线将会相交，当光源照射时，在线纹相交钝角的平分线方向会出现明暗交替相间的间距相等的条纹，即莫尔条纹。原因是光的干涉效应，在交点 a 线附近，两块光栅的刻线相互重叠，光栅上的透光狭缝互不遮挡，透光最强，形成亮带；在 b 线附近，一块光栅不透光部分正好遮盖住另一光栅的透光隙缝，透光最差，形成暗带。相邻两条亮带或暗带之间的距离 W 称为莫尔条纹的节距。莫尔条纹节距 W 与光栅节距 ω 和倾角 θ 之间的关系。

$$BC = AB \sin \frac{\theta}{2}$$

其中

$$BC = \frac{\omega}{2}, \quad AB = \frac{W}{2}$$

因此

$$W = \frac{\omega}{\sin \frac{\theta}{2}}$$

由于 θ 很小，θ 单位为 rad 时，

$$\sin\frac{\theta}{2} \approx \theta$$

故

$$W \approx \frac{\omega}{\theta}$$

式（2-20）

莫尔条纹有如下特点：

1. 放大作用。光栅节距虽小，莫尔条纹的节距却有几个毫米，因而莫尔条纹清晰可见，便于测量。

2. 误差均化作用。莫尔条纹是由许多根刻线共同形成的，这样可使栅距的节距误差得到平均化。

3. 测量位移作用。莫尔条纹的移动距离与光栅的移动距离成比例，光栅横向移动一个节距，莫尔条纹正好沿刻线上下移动一个节距 W，或者说在光栅刻线上的某一位置，莫尔条纹明—暗—明变化一个周期，这为光电元件的安装与信号检测提供了良好的条件。此外，光栅的移动方向与莫尔条纹的移动方向也有固定的关系。如指示光栅相对于标尺光栅逆时针方向转一个小角度 $+\theta$，当标尺光栅右（左）移时，则莫尔条纹下（上）移。相反，指示光栅顺时针方向转一小角度 $-\theta$，当标尺光栅右（左）移时，则莫尔条纹上（下）移。根据莫尔条纹的移动方向可以辨别光栅的移动方向。

（三）光栅检测装置的信号处理

随着对测量精度要求的提高，减小光栅的栅距可以使光栅具有较高的分辨率，但毕竟是有限的。因此必须将莫尔条纹间距进行细分。所谓细分，就是在莫尔条纹信号变化的一个周期内，给出若干个计数脉冲，减小了脉冲当量。由于细分后，计数脉冲的频率提高了，故又称为倍频，从而提高了光栅的分辨能力，提高了测量精度。

利用光栅传感器测量位移原理如图 2-27 所示。透过莫尔条纹的光通量的变化近似为正弦规律，如图 2-27（b）所示。当标尺光栅 1 相对于指示光栅 2 沿 x 方向移动时，莫尔条纹沿 y 方向移动。如果沿 y 方向仅放置一个光电元件 P_1，则光栅尺每相对移过一个栅距 W，P_1 输出的光电信号就变化一个周期；如果沿 y 方向在莫尔条纹宽度 B 的范围内等间距地放置 n 个光电元件 P_1、P_2、…、P_n，则在光栅尺相对移动时，各光电元件将输出 n 个相位差依次为 $360°/n$ 的光电信号。在将这 n 个近似正弦波的光电信号整形成方波后，可利用其上升沿或下降沿发计数脉冲。于是光栅尺每相对移过一个栅距 W，就可获得 n 个等间隔的计数脉冲，从而实现 n 细分。这种利用多个传感元件对同一被测量同时采集多路相位不同的信号而实现的细分方法称多路信号采集细分。

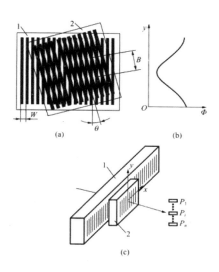

1- 标尺光栅；2- 指示光栅

图 2-27　光栅测量线位移原理

如果取 $n=4$，则每个光电元件所输出的信号分别为 $\sin\varphi$、$\cos\varphi$、$-\sin\varphi$、$-\cos\varphi$，其中 $\varphi = 2\pi x / W$，x 是光栅尺相对位移量。通过图 2-28（a）所示的逻辑电路，就可实现对光栅信号的四细分与辨向。

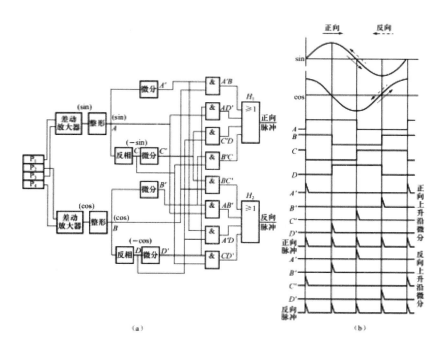

图 2-28　光栅信号的四细分与辨向原理

在图 2-28（a）中，差动放大器可在对信号放大的同时去掉其中的直流分量。整形电路可将正弦波转换成相位相同的矩形波，这些矩形波又通过微分电路变成尖脉冲，以作为计数脉冲，而未经微分电路的矩形脉冲被用作后面与门的开门控制信号。各信号经过与门后分成两组分别送入两个或门，上面的或门在标尺光栅相对于指示光栅向左移动的每个周期内输出 4 个计数脉冲，下面的或门在光栅向右相对移动的每个周期内也输出 4 个计数脉冲。上述过程中信号的波形如图 2-28（b）所示。通过对或门输出的脉冲进行加、减计数，相对位移量及位移方向。如果该系统中光栅栅距 W=0.02 mm，则经过四细分后，脉冲代表的位移量为 W/4=0.005 mm，从而使检测分辨率提高 4 倍。

四、脉冲编码器

脉冲编码器是一种旋转式角位移检测装置，能将机械转角变换成电脉冲，是数控机床上使用最广的位置检测装置。还可通过对位移电脉冲频率的检测来检测机械的旋转速度，做速度检测装置。脉冲编码器可分为增量式脉冲编码器和绝对式脉冲编码盘两种。

（一）增量式脉冲编码器

结构增量式脉冲编码器有光电式、接触式和电磁感应式三种，数控机床上使用的都是光电式编码器。增量式光电脉冲编码器的码盘基片固定在旋转轴上，光栅固定在机座上，与码盘基片平行并保持一定间隙，光源、光敏元件及透镜都固定在底座上，全部用护罩盖上。整个编码器通过旋转轴与被测伺服电动机轴，通过十字接头相连接。

码盘基片的基体是玻璃圆盘，表面上用真空镀膜法镀上一层不透光的金属膜，再涂上一层均匀的感光材料，用照相腐蚀工艺，制成等距的透光和不透光相间的辐射状线纹，相邻的两个透光和不透光线纹构成一个节距 τ。在圆盘里圈不透光圆环上刻有一条透光条纹，用来产生一转一个脉冲信号 z。在下部有两个光栏板，彼此之间错开 $m+\tau/4$ 个节距，当码盘基片随转轴转动时，产生 a、b 两相相位差为 90° 的交变信号。

1. 工作原理

光电码盘随被测轴一起转动，在光源的照射下，透过光电码盘和光栏板形成忽明忽暗的光信号，光敏元件把此光信号转换成电信号 a、b、z，通过信号处理装置的整形、放大等处理后输出如图 2-29 所示的 6 项 A、B、C 和取反信号。

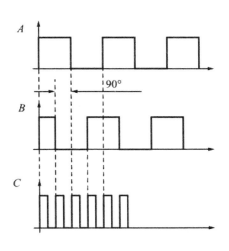

图 2-29 编码盘的信号处理

2. 输出信号的作用及其处理

（1）A、B 两相的作用

①用四倍频电路，可利用 A、B 两相 90° 的相位差进行细分处理，提高码盘的分辨率，如图 2-29 所示；

②据脉冲的数目可得出被测轴的角位移；

③根据脉冲的频率可得被测轴的转速；

④根据 A、B 两相的相位超前滞后关系可判断被测轴旋转方向。

（2）Z 相的作用

①被测轴的周向定位基准信号；

②被测轴的旋转圈数记数信号。

（3）$\overline{A}$、$\overline{B}$、$\overline{C}$ 的作用

后续电路可利用 A、A 两相实现差分输入，以消除远距离传输的共模干扰。

数控机床上常用的脉冲编码器每转输出的脉冲数有 2000、2500、3000 p/r 等几种，应该根据数控机床滚珠丝杠的导程来选用相应的每转脉冲数的编码器。在高速度、高精度的进给伺服系统中，要使用高分辨率的脉冲编码器，如 20 000、25 000、30 000 p/r 等。现在已有每转能发出 10 万个脉冲的编码器。

（二）绝对式脉冲编码盘

绝对式脉冲编码盘，是一种绝对角度位置检测装置，它的位置输出信号是某种制式的数码信号，它表示位移后所达到的绝对位置，要用起点和终点的绝对位置的数码信号，经运算后才能求得位移量的大小。电源切除后位置信息不会丢失，只要通电就能显示出所

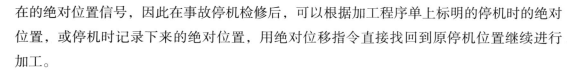

在的绝对位置信号，因此在事故停机检修后，可以根据加工程序单上标明的停机时的绝对位置，或停机时记录下来的绝对位置，用绝对位移指令直接找回到原停机位置继续进行加工。

绝对式编码盘也有接触式、光电式与电磁式三种，常用的还是光电式一种。光电式编码盘的结构与增量编码器相似，由光源、圆形编码盘、光电元件等组成，主要零件是编码盘。码盘上有许多同心圆环，称为码道，整个圆盘又分成若干个等分（圆心角相等）的扇形区段，每一相同的扇形区段的码道组成一个数码，透光的码道为"1"，不透光的码道为"0"，内环码道为数码的高位。所用数码可以是纯二进制的。在圆盘的同一半径方向的每个码道处，安装一个光电元件，光源装在圆盘的另一侧，码盘转动，每一扇形区段内的光信号通过光电元件转换成数码脉冲信号。用纯二进制码有一个缺点是：相邻两个二进制数可能有多位二进制码不同，当数码切换时有多个数位要进行切换，增大了误读的概率。葛莱码则不同，相邻两个二进制数码只有一个数位不同，因此两数切换时只在一位进行，提高了读数的可靠性。

目前绝对式光电式码盘可以做到 18 位二进制数，如果要求更多的位数，用单片码盘则其扇形区段太多，分割起来就很困难。二进制位数的多少决定了测量角度的分辨率，用于间接测定直线位移时，则限制了测量长度的大小。要提高分辨率与测量范围，可以采用组合式绝对码盘，即使用一个粗计数码盘和精计数码盘组合进行计数，精计数码盘转一圈向粗计数码盘进一位，使粗计数盘转过最低位的一格。两个码盘之间用一定传动比的齿轮连接，从精到粗按进位数制进行降速传动。

第三节　闭环进给伺服系统

相对开环式伺服系统而言，闭环伺服系统具有工作可靠、抗干扰性强，以及伺服精度高等优点，因此现代数控机床中常常采用闭环伺服系统。但由于闭环伺服系统增加了位置检测、反馈、比较等环节，因而，它的结构比较复杂，调试、使用与维护也相对更困难些。

一、闭环伺服系统的执行元件及其速度控制

执行元件是伺服系统的重要组成部分，它的作用是把驱动线路的电信号转换为机械运动，整个伺服系统的调速性能、动态特性、运行精度等均与执行元件有关。通常伺服系统对执行元件有如下要求：

①调速范围宽且具有良好的稳定性，尤其是低速运行的稳定性和均匀性。

②负载特性好，即使在低速时也应有足够的负载能力。

③尽可能减少电动机的转动惯量，以提高系统的快速动态响应。

④能够频繁启、停及换向。

目前在数控机床上广泛应用的有直流伺服电动机和交流伺服电动机。

（一）直流伺服电动机

直流伺服电动机具有响应迅速、精度高、调速范围宽、负载能力大、控制特性优良等优点，被广泛应用在闭环或半闭环控制的伺服系统中。

1. 直流伺服电动机的工作原理及类型

与普通电动机一样，直流伺服电动机也主要由磁极、电枢、电刷、换向片及碳刷组成，如图 2-30 所示。其中磁极采用永磁材料制成，充磁后即可产生恒定磁场。在他励式直流伺服电动机中，磁极由冲压硅钢片叠成，外绕线圈，靠外加励磁电流才能产生磁场。电枢转子也是由硅钢片叠成，表面嵌有线圈，通过电刷和换向片与外加电枢电源相连。

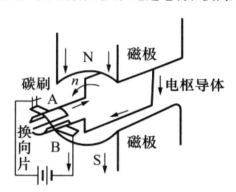

图 2-30 直流伺服电动机的基本结构

当电枢绕组中通过直流电时，在定子磁场的作用下就会产生带动负载旋转的电磁转矩，驱动转子转动。通过控制电枢绕组中电流的方向和大小，就可以控制直流伺服电动机的旋转方向和速度。当电枢绕组中电流为零时，伺服电动机静止不动。

直流伺服电动机按定子磁场产生方式可分为永磁式和他励式两类，它们的性能相近。由于永磁式直流伺服电动机不需要外加励磁电源，因而在机电一体化伺服系统中应用较多。

直流伺服电动机按电枢的结构与形状可分成平滑电枢型、空心电枢型和有槽电枢型等。平滑电枢型的电枢无槽，其绕组用环氧树脂黏固在电枢铁芯上，因而转子形状细长，转动惯量小。空心电枢型的电枢无铁芯，且常做成杯形，其转子转动惯量最小。有槽电枢型的电枢与普通直流电动机的电枢相同，因而转子转动惯量较大。

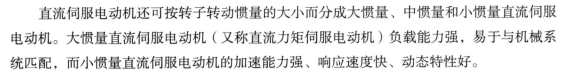

直流伺服电动机还可按转子转动惯量的大小而分成大惯量、中惯量和小惯量直流伺服电动机。大惯量直流伺服电动机（又称直流力矩伺服电动机）负载能力强，易于与机械系统匹配，而小惯量直流伺服电动机的加速能力强、响应速度快、动态特性好。

由上述可见，直流伺服电动机有多种类型，各有特点及相应的适用场合，设计伺服系统时，应根据具体条件和要求来合理选用。

2. 直流伺服电动机速度控制系统

直流调速控制系统多采用晶闸管（即可控硅 SCR）调速系统和晶体管脉宽调制（即 PWM）调速系统。这两种调速系统都采用永磁直流伺服电动机作为驱动元件，调速方法采用改变电动机电枢端电压。在晶闸管调速系统中，主回路多采用三相全控桥式整流电路，通过对 12 个晶闸管触发角的控制，达到控制电动机电枢电压的目的。而脉宽调速系统是利用脉宽调制器对大功率晶体管的时间进行控制，将直流电压转换成某一频率的方波电压，加到电动机电枢两端，通过对方波脉冲宽度的控制，改变电枢两端的平均电压，从而达到控制电动机转速的目的。

SCR 和 PWM 调速系统的控制原理基本相同，如图 2-31 所示。由于系统由电流和速度两个反馈回路组成，所以称为双闭环系统。其内环（电流环），由电流互感器或采样电阻获得电枢电流的实际值，它的作用是由电流调节器对电动机电枢回路引起滞后作用的某些时间常数进行补偿，使回路动态电流按所需的规律发生变化。其外环（速度环），由与电动机同轴安装的测速发电机获得电动机的实际转速的反馈回路构成，其作用是对电动机的速度误差进行调节，以实现所要求的动态特性。电流环可实现硬特性的调速，而速度环可以增大调速范围。一般电流调节器与速度调节器均采用 PI 调节器，由线性运算放大器和阻容元件组成。目前，直流电动机调速系统均采用这种双闭环控制方案。下面分别阐述 SCR 与 PWM 直流调速系统的工作原理。

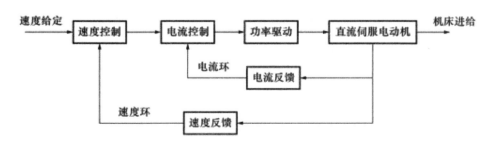

图 2-31　双闭环直流伺服系统控制框图

（1）晶闸管电动机直流调速系统

永磁直流伺服电动机以其过载能力强、动态响应快、调速范围宽和低速输出转矩大等优点曾被广泛应用于数控机床的进给伺服系统。图 2-32 为采用三相全控桥式整流电路供电的主回路，有两组正负对接的可控硅整流器：一组用于提供正向电压，供电机正转；另一组提供反向电压，供电机反转。

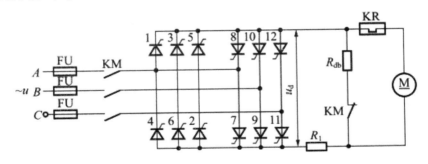

图 2-32 三相桥式反并联整流电路

通过改变晶闸管触发角 a，就可改变永磁直流伺服电动机的电枢电压，从而达到调速的目的，但其调速范围较小。为满足数控机床调速范围的要求，必须采用带有速度反馈的闭环系统，因为闭环调速范围为开环调速范围的 1+K 倍（K 为开环放大倍数）。为实现硬特性的调速要求，改善系统的动态性能，增加一个电流反馈环节，构成如图 2-33 所示的双闭环调速系统。其工作原理简述如下：

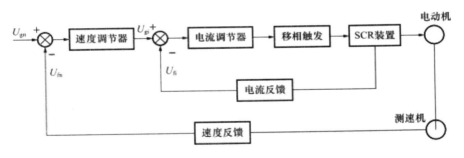

图 2-33 晶闸管直流调速单元结构框图

当给定的速度指令信号增大时，该信号与速度反馈信号比较产生较大的偏差信号，经放大加到速度调节器的输入端，调节器的输出电压随之增加，使触发脉冲前移（减小 a 角），SCR 输出电压提高，电动机转速上升。同时测速发电机输出的速度反馈电压也逐渐升高，反馈到输入端使偏差信号减小，电动机转速上升减缓。当速度反馈值等于或接近给定值时，系统达到新的动态平衡，电动机就以较高转速稳定运转。如果系统受到外界干扰，如负载增加时，电动机转速下降，反馈信号随之减小，偏差信号增大，又使速度调节器的输出电压增加，触发脉冲前移，晶闸管整流器输出电压升高，使电动机转速上升到外界干扰前的转速值。与此同时，电流调节器也起调节作用，用以维持或调节电枢主回路的电流变化。如当电网电压突然降低时，整流器输出电压也随之降低。电动机转速由于机械惯性尚未变化之前，首先引起主回路电流减小，电流调节器输出信号增加，触发脉冲前移，使整流器输出电压增加并恢复到原来的值，从而抑制了主回路电流的变化。当速度给定信号为一阶跃函数时，电流调节器有一个很大的给定值，使其输出值为最大饱和值，此时的电枢电流也为最大值（一般取额定值的 2 ～ 4 倍），从而使电动机在加速过程中始终保持最大的动态转矩，以便启动、制动过程最短。由此可见，具有速度外环和电流内环的双闭环调速系统具有良好的静、动态性能，最大限度地利用电动机的过载能力，使过渡过程加快。

这种双闭环系统的缺点是：在低速轻载时电枢电流会出现断续，机械特性变软，整流装置的外特性变陡，系统总放大倍数下降，动态品质恶化。为此，可采用电枢电流自适应调节器加以调节，也可以采用增加一个电压调节器内环来解决。

（2）晶体管脉宽调制式直流速度控制系统

由于电动机是电感元件，转子的质量较大，有较大的电磁时间常数和机械时间常数，因此，电枢电压可用周期远小于电动机时间常数的方波的平均电压来代替。图 2-34 所示是用方波电压调速的原理图，用大功率晶体管的开关作用，将直流电压转换成频率约为 2 kHz 的方波电压，供给直流电动机的电枢绕组。通过对开关关闭时间长短的控制，来控制加到电枢绕组两端的平均电压，达到调速的目的。图中 K 代表大功率晶体管开关放大器。电枢两端的平均电压 U_d 为

$$U_d = \frac{\tau}{T} U$$

式（2-21）

式中 U——电源电压；

τ——每次闭合时间；

T——开闭周期，若开关频率为 2 kHz，则 $T=0.0005$ s；

τ/T——占空比，改变占空比可改变 U_d。

在电枢两端接有续流二极管，当 K 闭合时二极管不导通；当 K 断开时，电枢绕组产生的感应电流通过它构成闭合回路。

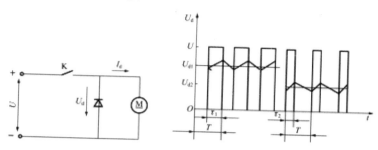

图 2-34　脉宽调制示意图

所谓 PWM 调速，是在大功率开关晶体管的基极上，加上脉宽可调的方波电压，控制开关管的导通时间 τ，改变占空比，达到调速的目的。PWM 直流伺服驱动系统的组成原

理如图 2-35 所示，为双闭环系统，其核心部分主要是脉宽调制器和脉冲功率放大器。下面分别对这两部分给予说明。

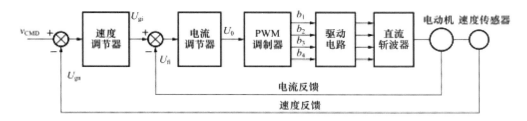

图 2-35　直流 PWM 系统组成原理框图

①脉冲功率放大器（PWM 系统的主回路）。PWM 系统的主回路有多种形式，这里仅以 H 形双极式可逆电路为例说明其工作原理。如图 2-36 所示，它由四个大功率晶体管和四个续流二极管组成。四个大功率管分为两组，VT1 和 VT4 为一组，VT2 和 VT3 为另一组。同一组中的两个晶体管同时导通或同时关断。一组导通时另一组关断，两组交替导通和关断，不能同时导通。把一组控制方波加到一组大功率晶体管的基极上，同时把反向后的该组方波加到另一组的基极上，就能达到上述目的。

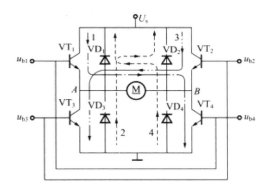

图 2-36　H 形双极式 PWM 功率转换电路

图 2-37 所示是电压电流波形。由图可知，加在 u_{b1} 和 u_{b4} 上方波的正半波比负半波宽，因此加到电动机电枢两端的平均电压为正（设从 A 到 B 为正），电动机正转。在 $0 \leqslant t < t_1$ 期间 u_{b1}、u_{b4} 为正，晶体管 VT_1 和 VT_4 导通 u_{b2}、u_{b3} 为负，VT_2 和 VT_3 截止；当外加电压大于反电势时，电枢电流就沿回路 1 从 A 流向 B，电动机工作在正转电动状态。在 $t_1 \leqslant t < T$ 期间，u_{b1}、u_{b4} 为负，VT_1 和 VT_4 截止，虽然 u_{b2}、u_{b3} 为正，在电枢反电势的作用下，在 $t_1 \rightarrow t_2$ 期间，VT_2 和 VT_3 不能导通，电流经 VD_2、VD_3 沿回路 2 流过，维持 i_a 从 A 流向 B；在 t_2 时刻，i_a 衰减到零；在 $t_2 \rightarrow T$ 期间，VT_2、VT_3 导通，电流经 VT_2、VT_3 沿回路 3 从 B 流向 A，电动机工作在反接制动状态。在 $T \rightarrow t_3$ 间，u_{b1}、u_{b4} 为正，VT_1 和 VT_4 导通，在电源电压 U_s 的作用下，使反向电流迅速衰减到零；在 $t_3 \rightarrow t_4$ 时

间内电枢电流i_a又沿回路 1 从 A 流向 B。

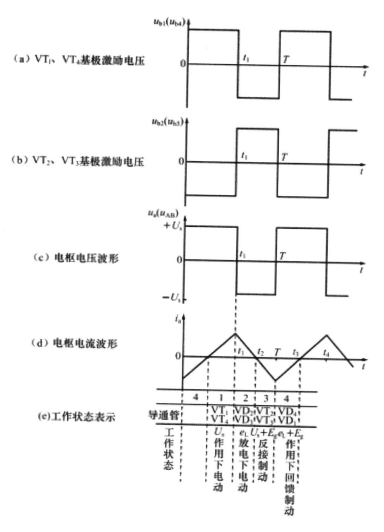

（a）VT₁、VT₄基极激励电压

（b）VT₂、VT₃基极激励电压

（c）电枢电压波形

（d）电枢电流波形

（e）工作状态表示

图 2-37　H 形双极式 PWM 电压电流波形

上述是在轻载情况下电枢电流与方波电压的关系。当负载较重，即电枢电流较大或转速较高时，正半周脉宽比负半周脉宽宽，使电枢电流的脉动量小，电枢电流i_a不会改变方向，这时电动机始终工作在电动运行状态。

当方波电压的正、负宽度相等时，加到电枢的平均电压等于零，电动机不转，这时电枢回路中的电流没有断续，而是流过一个交变的电流，这个电流使电动机发生高频颤动，有利于减小摩擦。

②PWM 系统的脉宽调制。脉宽调制的任务是将连续控制信号变成方波控制信号，作为驱动主回路大功率晶体管的基极输入信号，控制直流电动机的转速和转矩。这种方波控制信号既可由脉宽调制器生成，也可由全数字软件生成。

A. 脉宽调制器。脉宽调制器通常由三角波（锯齿波）发生器和比较器组成，如图 2-38 所示。图中的三角波发生器由两个运算放大器构成，IC1–A 是多谐振荡器，产生频率恒定且正负对称的方波信号；IC1–B 是积分器，把输入的方波变成三角波信号 U_t 输出。三角波信号 U_t 应满足线性度高和频率稳定的要求，只有满足这两个要求，才能保证调速精度。

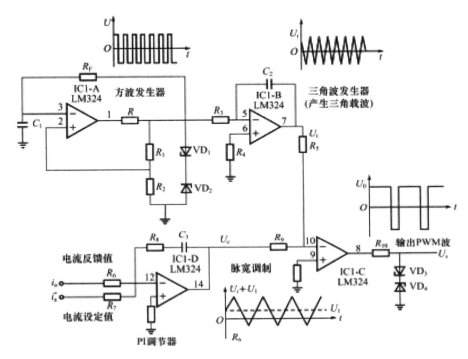

图 2-38　三角波发生器及 PWM 脉宽调制原理图

由于脉冲功率放大器供给直流电动机的电压是一个方波脉冲信号，有交流成分，为了减少这些不做功的交流成分在电动机内引起的功耗和发热，应提高脉冲频率。目前脉冲频率通常为 2 ~ 4 kHz 或更高。脉冲频率是由三角波调制的，三角波的频率等于方波脉冲频率。

比较器 IC1-C 的作用是把输入的三角波信号 U_t 和控制信号 U_c 相加输出脉宽调制方波，如图 2-39 所示。当控制信号 U_c =0 时，比较器的输出为正负对称的方波〔图 2-39（a）〕，平均值为零。当 $U_c > 0$ 时，$U_c + U_t$ 对接地端是一个不对称三角波，平均值高于接地端，因此输出方波的正半周较宽，负半周较窄；U_c 越大，正半周的宽度越宽，电动机正向旋转越快，如图 2-39（b）所示。当 $U_c < 0$ 时，$U_c + U_t$ 的平均值低于接地端，如图 2-39（c）所示，IC1-C 输出的方波正半周较窄，负半周较宽；U_c 越小，负半周越宽，电动机反转越快。

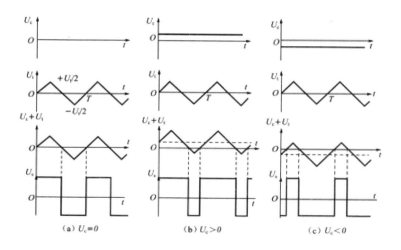

图 2-39　PWM 脉宽调制波形图

B. 计算机软件生成脉冲控制方波在全数字数控系统中，可用定时器生成控制方波，用程序控制脉宽的变化。图 2-40 所示是用 8031 单片机控制的数字式伺服驱动系统，通过 8031 的 P_0 口向定时器 1 和 2 送数据。当指令速度改变时，由 P_0 口向定时器输送新的定时值，用来改变定时器输出脉冲的宽度。速度环和电流环的检测值经模／数转换后由 P_0 口读入，经 CPU 处理后，再由 P_0 口送给定时器，及时地改变脉冲宽度，控制电动机的转速和转矩。

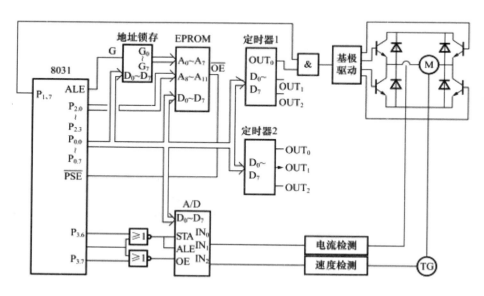

图 2-40　数字 PWM 控制系统

具有转速、电流双闭环的脉宽调制式（PWM）伺服驱动系统的工作原理与晶闸管双闭环系统基本相同，但与晶闸管系统相比又具有以下特点：

第一，避开与机械的共振。由于 PWM 调速系统开关频率高（约 2 kHz），远高于转子所能跟随的频率，也就避开了机械共振区。

第二，电枢电流脉动小。由于开关频率高，仅靠电枢绕组的电感的滤波作用就可获得脉动很小的电枢电流，因此低速工作平稳，调速范围可达 1 : 10 000，甚至更高。

第三，动态特性好，定位精度高，抗干扰能力强。

PWM 系统的主要缺点是不能承受较高的过载电流，功率还不能做得很大。故目前在中小功率的伺服驱动系统中，大多采用性能优良的 PWM 系统，而在大功率场合，则采用晶闸管伺服驱动系统。

（二）交流伺服电动机

交流伺服驱动是当前机床进给驱动系统方面的一个主要形式。交流异步电动机由于结构简单、成本低、无电刷磨损问题、维修方便，因而在伺服系统中作为伺服电动机得到广泛的应用，其功率一般从几瓦到几十瓦。交流伺服电动机分为交流永磁式和交流感应式。永磁式相当于交流同步电动机，常用于进给伺服系统；感应式相当于交流感应异步电动机，常用于主轴伺服系统。其电动机旋转机理都是由定子绕组产生旋转磁场使转子运转。交流永磁式伺服电动机的转速等于旋转磁场的同步转速（即 $60\,f/p$）；而交流感应式伺服电动机的转速小于同步转速，负载越大，转速差越大。旋转磁场的同步转速由交流电的频率决定，频率高，转速高；频率低，转速低。因而，交流电动机可以通过改变供电频率的方法来调速。

1. 交流伺服电动机的基本结构

定子上有空间互成 90° 的两相绕组。接于电源上的绕组称为励磁绕组 f_1、f_2，接于控制电压上的绕组称为控制绕组 K_1、K_2。伺服电动机转速将受到控制电压 K_1、K_2 的大小和相位的控制，以完成系统要求的动作。

交流伺服电动机转子有鼠笼式和杯形两种。鼠笼式转子伺服电动机的结构与一般感应电动机相同。这种类型电机结构紧凑，励磁电流小，性能优良，因此用得较多。其缺点是转子惯量较大。杯形转子伺服电动机的外定子与鼠笼式电机完全一样，内定子是由环形钢片叠压而成，通常不放绕组，只是代替鼠笼式转子的铁芯，作为电机磁路的一部分。在内、外定子之间套有安装在转轴上的薄壁杯，称为杯形转子。空心环由非磁性材料铝或铜制成，壁厚一般在 0.3 mm 左右。杯形转子导条、端环的作用相同。这种电机的空心杯转动惯量小，转子无齿槽，故运转平稳、噪声小。但由于其气隙大，所以励磁电流大、效率低、体积大，但在要求运转比较平稳的场合仍得到广泛的应用。

2. 交流伺服电动机速度控制系统

交流伺服电动机的调速问题归结为变频问题。改变供电频率，常用的方法有交—交变频和交—直—交变频，后者广泛应用在数控机床的伺服系统中。交—直—交变频方式如图 2-41 所示，先把交流电整流成直流电，再把直流电逆变成矩形脉冲波电压，采用晶体管脉冲宽度调制逆变器来完成。

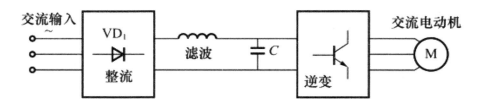

图 2-41　交—直—交变频方式

（1）SPWM 波调制原理

PWM 的调制方法很多，其中正弦波调制方法是应用最广泛的一种，简称 SPWM。SPWM 变频器不仅适用于交流永磁式伺服电动机，也适用于交流感应式伺服电动机。SPWM 采用正弦规律脉宽调制原理，具有功率因数高、输出波形好的优点，因而在交流调速系统中获得广泛应用。

在直流电动机 PWM 调速系统中，PWM 输出电压是由三角载波调制直流电压得到的。同理，在交流 SPWM 系统中，输出电压是由三角载波调制正弦电压而得到的。三角波和正弦波的频率比通常为 15 ~ 168，甚至更高。SPWM 的输出电压 U_0 是一个幅值相等、宽度不等的方波信号。其各脉冲的面积与正弦波下的面积成比例，所以脉宽基本上正弦分布，其基波是等效正弦波。用这个输出方波脉冲信号，经功率放大后，作为交流伺服电动机的相电压（电流）。改变正弦基波的频率就可改变电动机相电压（电流）的频率，实现变频调速的目的。

调制方式是双极性调制（如图 2-42 所示），也可以是单极性调制（如图 2-43 所示）。在双极性调制过程中同时得到正负完整的 SPWM 输出波。当控制电压 U_1 高于三角波电压 U_t 时，比较器输出电压为"高"电平，否则输出"低"电平。只要正弦控制波 U_1 的最大值低于三角波的幅值，调制结果必然形成图中左边输出（U_0）的等幅不等宽的 SPWM 调制波。双极性调制能同时调制出正半波和负半波，而单极性调制只能调制出正半波或负半波，再把调制波反向得到另外半波，然后相加得到一个完整的 SPWM 波。

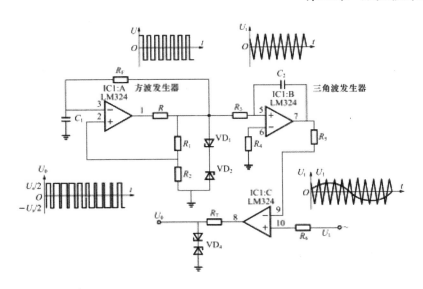

图 2-42 双极性 SPWM 波调制原理（一相）

在图 2-42 中，比较器的输出信号 U_0 用来控制 SPWM 功率放大主回路中功率晶体管的通断状态。双极式控制时，功率管同一桥臂上、下两个开关管交替通断，处于互补工作方式。

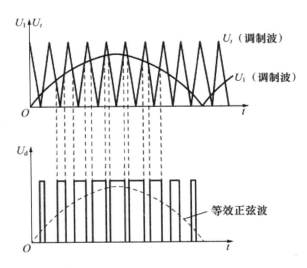

图 2-43 单极性 SPWM 波调制波形图（一相）

可以证明，由输入正弦控制信号和三角波调制所得脉冲波的基波是和输入正弦波等同的正弦输出信号。这种 SPWM 调制波能够有效地抑制高次谐波电压。

三相 SPWM 波调制原理如图 2-44 所示。图中三角调制波是共用的，而每一相有一个输入正弦信号和一个 SPWM 调制器。输入的 U_a、U_b、U_c 信号是相位相差 120° 的正弦交流信号，其幅值和频率都是可调的，用来改变输出的等效正弦波的幅值和频率，以达到对交流伺服电动机的控制。

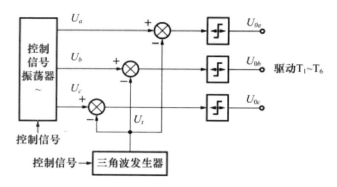

图 2-44　三相 SPWM 波调制原理框图

（2）SPWM 变频器的功率放大回路

SPWM 调制波经功率放大后才能驱动电动机。图 2-45 所示为双极性 SPWM 通用型功率放大主回路。图左侧是桥式整流电路，将工频（50 Hz）交流电变成直流电；右侧是逆变器，用 VT$_1$ ~ VT$_6$ 六个大功率开关晶体管把直流电变成脉宽按正弦规律变化的等效正弦交流电，用来驱动交流伺服电动机。图 2-44 中输出的 SPWM 调制波 U_{0a}、U_{0b}、U_{0c} 及它们的反向波 $\overline{U}_{0a}$、$\overline{U}_{0b}$、$\overline{U}_{0c}$ 控制图 2-45 中 VT$_1$ ~ VT$_6$ 的基极。调制波 U_{0a}、U_{0b}、U_{0c} 相位上相差 120°、幅值相等而脉宽不等的等效正弦波，如图 2-42 中的 U_0 波形所示，输出脉冲的最大值为 $U_s/2$，最小值是 - $U_s/2$，以图 2-45 中 A 相为例，当 U_{0a} 为最大值时 VT$_1$ 导通，当 U_{0a} 为最小值时 VT$_4$ 导通。B 相和 C 相同理。图 2-45 中 VD$_7$ ~ VD$_{12}$ 是续流二极管，用来导通电动机绕组产生的反电势。功放输出端（右端）接在电动机上。由于电动机绕组电感的滤波作用，其电流则变成正弦波。三相输出电压（电流）相位上相差 120°。

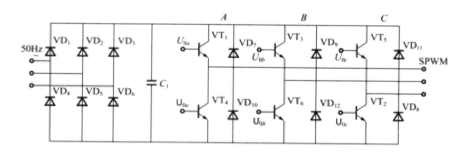

图 4-45　双极性 SPWM 通用型功率放大主回路

SPWM 调制输出的脉冲宽度正比于相交点的正弦控制波的幅值。逆变器输出端为一具有三角载波频率且有某种谐波畸变的调制波形，其基波幅值为

$$U_{1m} = \left(\frac{U_s}{2}\right) \cdot \frac{U_1}{U_t} = \frac{U_s}{2M}$$

式（2-22）

式中 M——调制系数（ $M = \dfrac{U_1}{U_t}$ ，其值在 0 与 1 之间）；

U_1——正弦控制电压的峰值；

U_t——三角载波的峰值电压。

由上式可见，只要改变调制系数 M 就可改变输出基波的幅值，只要改变正弦控制波的频率就可改变基波的频率。三角波与正弦波的频率比越高，输出波形的谐波分量越小，输出的正弦性越好。

（3）SPWM 变频调速系统

①交流电动机变频调速特性。每一台电动机都有额定值，如额定转速、额定电压（电流）、额定频率等。国产的电动机额定电压通常是 220 V 或 380 V，额定频率为 50 Hz。电动机在额定状态运行时，材料达到充分利用，定子铁芯达到磁饱和，电动机温升在允许值之内，电动机可以长期运行。当某些参数发生变化时，可能破坏电动机内部的平衡状态，严重时会损坏电动机。

由电机原理可知：

$$U_1 \approx E_1 = 4.44 f_1 N_1 K_1 \Phi_m$$

$$\Phi_m \approx \frac{1}{4.44 N_1 K_1} \cdot \frac{U_1}{f_1}$$

式（2-23）

式中 f_1——定子供电频率；

N_1——定子绕组匝数；

K_1——定子绕组系数；

U_1——定子绕组相电压；

E_1——定子绕组感应电动势；

Φ_m——每极气隙磁通量。

其中，N_1、K_1 为常数。当 U_1 和 f_1 为额定值时，Φ_m 达到饱和状态。若以额定值为界限，供电频率低于额定值时叫基频以下调速，高于额定值时叫基频以上调速。

A. 基频以下调速由式（2-23）知，当 Φ_m 处在饱和值不变时，降低 f_1，必须减小 U_1，保持U_1 / f_1为常数。若不减小U_1，将使定子铁芯处在过饱和供电状态，这时不但不能增加Φ_m，反而会烧坏电动机。

在基频以下调速时，保持Φ_m不变，即保持绕组电流不变，转矩不变，为恒转矩调速。

B. 基频以上调速。在基频以上调速时，频率从额定值向上升高，受电机耐压的影响，相电压不能升高，只能保持额定电压值。在电机定子绕组内，因供电频率升高，使感抗增加，相电流减小，使磁通Φ_m减小，因而输出转矩也减小，但因转速升高而使输出的功率保持不变，这时为恒功率调速。

图 2-46 所示是上述两种情况下的特性曲线。

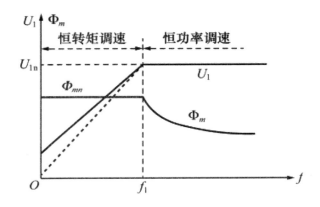

图 2-46 交流电机变频调速特性曲线

②微机控制的 SPWM 变频调速系统。随着微机控制技术与 PWM 技术的不断发展和成熟，为了加快运算速度，减少硬件，目前国内外 PWM 变频器产品大多采用微机控制。

图 2-47 所示是微机控制的 SPWM 变频调速系统原理图。速度电压值（0 ～ 10 V）经电压频率变换后，变成脉冲信号，脉冲的频率与速度电压有关，电压高频率亦高。这个脉冲信号供给计数分频器，作为它的计数脉冲。在计数分频器中有 000000000 ～ 101100111 共 360 个数码，每一个二进制码对应 1°，这些数码用于 EPROM 的地址选择。在 EPROM 中存放有正弦波形值，共 360 个波形值，每 1° 对应一个值。计数分频器的计数周期是 360，计满 360 个数后从零开始重新计数。每一个计数值对应 EPROM 中的一个地址，取出正弦波中的一个值，连续计数连续取值，计满 360 个数时正好取出一个完整正弦波的全部波形值。再经 D/A 转换，就形成了正弦波信号。

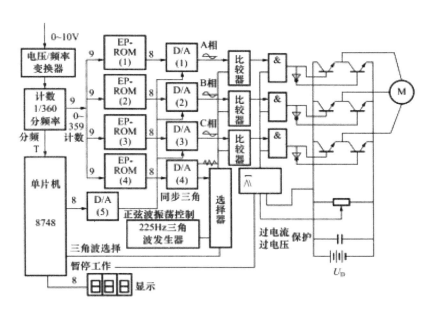

图 2-47　微机控制的 SPWM 原理图

交流电动机的三相定子绕组应同时通以相位相差 120° 的交流电，为获得 A、B、C 三相正弦信号，用计数分频器输出的同一选址信号选择三个 EPROM（1）、EPROM（2）、EPROM（3）中的相应地址，在这三个 EPROM 中分别存放相位上相差 120° 的 A、B、C 三相正弦波。例如地址为 000 H 时，A 相输出 sin0° 的值，B 相和 C 相分别输出 sin120° 和 sin240° 的值。

正弦波的幅值和频率应保持一定的比例关系，对正弦波幅值的控制是通过计算机完成的。计算机对计数分频器的计数频率进行采样，通过幅值频率比计算出幅值，再由计算机输出给 D/A（5）数模转换器，用转换后的模拟量值控制 D/A（1）、D/A（2）、D/A（3），使其输出的正弦波的幅值和频率保持一定的关系。

与正弦波相似，EPROM（4）存有不同电角度下的三角波波形值，D/A（4）用来形成同步三角波，该装置的载波比为 9，三角波的频率为正弦波频率的 9 倍。系统内还设置了 225 Hz 三角波发生器，它和 D/A（4）输出的三角波不能同时使用，应用时由选择器选择两者之一。

A、B、C 三相正弦波与三角波经三个比较器比较后，输出的便是正弦脉宽调制信号，用来控制逆变器中六个大功率晶体管的导通和关断。

（4）交流伺服电动机的矢量控制

矢量控制（或称场定向控制）是把交流电动机模拟成直流电动机，用对直流电动机的控制方法来控制交流电动机。方法是以交流电动机转子磁场定向，把定子电流向量分解成与转子磁场方向相平行的磁化电流分量 i_d 和相垂直的转矩电流分量 i_q，分别使其对应直流电动机中的励磁电流 i_f 和电枢电流 i_a。在转子旋转坐标系中，分别对磁化电流分量 i_d 和转矩电流分量 i_q 进行控制，以达到对实际交流电动机控制的目的。交流电动机矢量控制理论的提出具有划时代的意义，进一步促进了交流传动控制系统的广泛应用。

按照对基准旋转坐标系的取法不同，矢量控制可分为两类：按转子位置定向的矢量控制和按磁通定向的矢量控制。

按转子位置定向的矢量控制系统中基准旋转坐标系水平轴位于电动机的转子轴线上，静止和旋转坐标系之间的夹角就是转子位置角。这个位置角可直接从安装在电动机轴上的位置检测元件——绝对编码盘来获得。永磁同步交流电动机的矢量控制，属于此类。

按磁通定向的矢量控制系统中基准旋转坐标系的水平轴位于电动机磁通磁链轴线上，这时静止和旋转坐标系之间的夹角不能直接测取，须通过计算获得。异步电动机的矢量控制属于此类。

按照对电动机的电压或电流控制，矢量控制还可分为电压控制型和电流控制型。由于矢量变化需要较为复杂的数学计算，所以矢量控制是一种基于微处理器的数字控制方案。由于篇幅原因，这里不做详细阐述。

二、典型闭环进给伺服系统

在数控机床的伺服系统中，位置控制和速度控制是紧密相关的，如前所述，速度控制环的给定值就是来自位置控制环。位置控制环的输入数据来自轮廓插补运算，在每一个插补周期内插补运算输出一组数据给位置环，位置控制环根据速度指令的要求及各环节的放大倍数（即增益）对位置数据进行处理，再把处理的结果送给速度环，作为速度环的给定值。

根据位置环信号比较的方式不同，数控机床闭环进给伺服系统一般有以下几种形式：数字脉冲比较伺服系统、相位比较伺服系统、幅值比较伺服系统和 CNC 伺服系统。

（一）数字脉冲比较伺服系统

数字脉冲比较伺服系统的结构比较简单，可构成半闭环和闭环控制系统。在半闭环控制中，多采用光电编码器作为检测元件；在闭环控制中，多采用光栅作为检测元件。伺服系统通过检测元件进行位置检测和反馈，实现脉冲比较。以半闭环的控制结构形式构成的数字脉冲比较伺服系统的应用较为普遍。

数字脉冲比较伺服系统的特点是：指令位置信号与位置反馈信号在位置控制单元中是以脉冲、数字的形式进行比较的。比较后得到的位置偏差经 D/A 转换（全数字系统不经 D/A 转换），发送给速度控制单元。半闭环控制的结构框图如图 2-48 所示。整个系统由三部分组成：采用光电编码器产生位置反馈脉冲信号 P_f；实现指令脉冲 F 与反馈脉冲 P_f

的脉冲比较，以得到位置偏差信号 e；以位置偏差作为速度给定的伺服驱动系统。

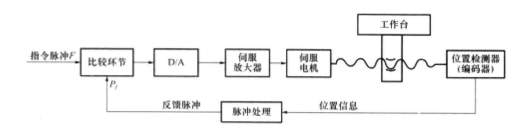

图 2-48　半闭环数字比较系统结构框图

半闭环与闭环在系统结构上的不同点是：半闭环的检测元件一般安装在丝杠轴上，而闭环的检测元件则安装在工作台上。

检测元件随着伺服电动机的运动产生脉冲序列输出，其脉冲频率随着转速的快慢而升降。闭环数字脉冲比较伺服系统的工作原理简述如下：

当指令脉冲 $F=0$ 且工作台处于静止状态时，反馈脉冲 P_f 为零，经比较环节后位置偏差 $e=F-P_f=0$，则伺服电动机的速度给定为零，电动机不转，工作台仍处于静止状态。

当指令脉冲 $F \neq 0$ 时，若设 $F>0$，在工作台移动之前，反馈脉冲 P_f 仍为零，经环节比较，$e=F-P_f>0$，伺服驱动系统使工作台做正向进给。随着电动机的转动，检测元件的反馈信号通过采样进入比较环节，比较环节对 F 和 P_f 进行比较，当 F 和 P_f 的脉冲个数相等时，位置偏差 $e=F-P_f=0$，工作台重新稳定在指令规定的位置上；反之，若设 $F<0$，此时 $e<0$，工作台做反向进给，直到 $e=0$ 时工作台准确地停在指令规定的反向的某个位置上。

数字脉冲比较伺服系统易于实现数字化控制，性能上优于模拟方式、混合方式的伺服系统。

（二）相位比较伺服系统

相位比较伺服系统的特点是：位置检测元件工作在相位工作状态，将指令脉冲信号和位置检测反馈信号都转换成与某一基准脉冲信号同频率而不同相位的脉冲信号，在位置控制单元进行相位比较，比较的差值反映了指令位置与实际位置的偏差。

1.相位比较伺服系统各部分的作用和工作原理

（1）各部分的作用

以感应同步器作为位置检测元件的相位比较伺服系统原理框图，如图 2-49 所示。在该系统中，与位置比较单元有关的部分的作用简介如下：

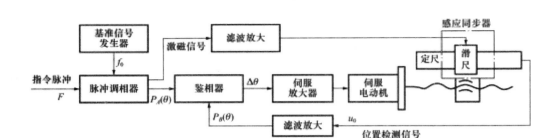

图 2-49　相位比较伺服系统原理框图

①基准信号发生器产生一系列具有一定频率的脉冲信号，为伺服驱动系统提供相位比较的基准。

②脉冲调相器又称数字相位转换器，它的作用是将指令脉冲信号转换为相位变化信号，该相位变化信号可用正弦波或方波表示。若没有指令脉冲信号输入，脉冲调相器的输出与基准信号发生器输出的基准信号同相位，即两者没有相位差；若有脉冲信号输入，则每输入一个正向或反向脉冲，脉冲调相器的输出将超前或滞后基准信号一个相应的相位角。

③反映工作台实际位移的感应同步器定子绕组感应电压经滤波放大后作为反馈信号，并表示为与基准信号的相位差。

④鉴相器的输入信号有两路：一路是采自脉冲调相器的指令脉冲信号 $P_A(\theta)$，另一路是来自位置检测元件经滤波放大后的反馈信号 $P_B(\theta)$，这两路信号都用它们与基准信号之间的相位差表示，且同频率。鉴相器的作用就是鉴别出这两个信号之间的相位差，并以与此相位差信号成正比的电压信号输出。

⑤鉴相器的输出信号输入由伺服放大器和伺服电动机构成的速度控制系统，驱动工作台向指令位置进给，实现位置跟踪。

（2）工作原理

相位比较伺服系统的工作原理概述如下：

当指令脉冲 $F=0$ 且工作台处于静止时，$P_A(\theta)$ 和 $P_B(\theta)$ 应为同频同相的脉冲信号，这两个脉冲信号经鉴相器进行相位比较判别，输出信号 $\Delta\theta=0$。此时，伺服放大器的速度给定为零，输出到伺服电动机的电枢电压也为零，电动机不转，工作台维持在静止状态。

当指令脉冲 $F\neq0$ 时，若设 F 为正，经过脉冲调相器，$P_A(\theta)$ 产生正的相移，若设为 $+\theta$ 们由于工作台静止，$P_B(\theta)$ 的相移为零，故鉴相器的输出 $\Delta\theta=+\theta_0>0$，伺服驱动系统使工作台正向移动，这时，$P_B(\theta)$ 的相移不再为零，经鉴相器比较，$\Delta\theta$ 小，直到消除 $P_B(\theta)$ 与 $P_A(\theta)$ 的相位差。反之，若设 F 为负，则 $P_A(\theta)$ 产生负的相移 $-\Delta\theta$，在

$\Delta\theta = -\theta_0 < 0$ 的控制下，伺服机构驱动工做台做反向移动。

2. 脉冲调相器和鉴相器的工作原理

（1）脉冲调相器的工作原理

当用基准脉冲发生器输出频率为 f_0 的时钟脉冲序列，去触发容量相同的两个计数器 A 和 B 使它们计数时，如选用四位二进制计数器，其容量为 16，这两个计数器 A 和 B 的最后一级输出是两个频率大大降低了的同频率、同相位的方波信号。如果在时钟脉冲触发两个计数器的过程中，通过脉冲加减器向 B 计数器加入一个额外的脉冲，则由于 B 计数器提前完成其一个周期的计数任务，即提前计完 16 个数而使得其最后一级的输出提前翻转，从而相对计数器 A 的输出产生了一个正的相移 $\Delta\theta$。同理，当通过脉冲加减器扣除一个进入 B 计数器的时钟脉冲，则由于 B 计数器延时完成其一个周期的计数任务而使得其最后一级的输出延时翻转，从而导致相对计数器 A 的输出产生了一个负的相移 $\Delta\theta$。$\Delta\theta$ 与计数器的容量有关，若计数器的容量为 m，则 $\Delta\theta = 360°/m$。如果在时钟脉冲触发两个计数器的过程中，通过脉冲加减器向 B 计数器加入或扣除的不止是一个脉冲，而是 n 个脉冲，根据同样道理，则 B 计数器相对 A 计数器的相移是 $\theta = n\Delta\theta$。这就是脉冲调相器的工作原理。

（2）鉴相器的工作原理

鉴相器的主要作用是鉴别两个输入信号的相位差及其超前滞后关系。根据输入信号形式的不同，常用的鉴相器有两种类型：一种是二极管型鉴相器，它可以鉴别正弦信号之间的相位差；另一种是门电路型鉴相器，它能鉴别方波信号之间的相位差。图 2-50 是两种鉴相器的输入输出工作波形图。对于这两种类型的鉴相器，二极管型鉴相器有专门的集成元件，门电路型鉴相器其逻辑线路也比较简单，这里不再进一步讨论。

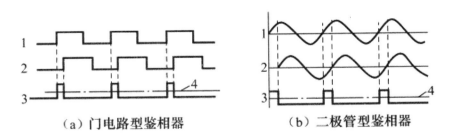

（a）门电路型鉴相器　　　　　（b）二极管型鉴相器

1- 指令信号；2- 反馈信号；3- 鉴相输出；4- 平均电压

图 2-50　两种鉴相器的输入输出工作波形图

（三）幅值比较伺服系统

在幅值比较伺服系统中，位置检测信号的幅值大小可以反映机械位移的数值，并作为位置反馈信号。常用的检测元件主要有旋转变压器和感应同步器。

以感应同步器为位置检测元件的幅值比较伺服系统的原理框图，如图 2-51 所示。从图中可以看出，位置比较环节比较的是数字脉冲量，因此不需要基准信号就可实现指令脉冲 F 与位置反馈信号 P_f 的比较，以获得位置偏差信号 ΔS。

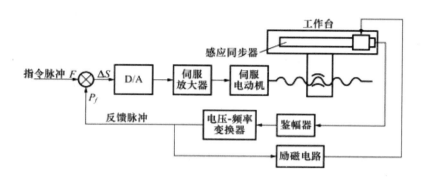

图 2-51　闭环幅值比较伺服系统框图

由幅值工作方式的感应同步器工作原理可知，当工作台移动时，测量元件根据工作台的位移量，即丝杠转角 θ 输出电压信号：

$$U_B = U_m \sin(\alpha - \theta) \sin \omega t \qquad \text{式（2-24）}$$

α 是此时位置检测元件激磁信号的电气角。U_B 的幅值 $U_m \sin(\alpha - \theta)$ 代表着工作台的位移。若 $\theta = \alpha$，则检测信号的幅值为零；若 $\theta > \alpha$，则检测信号的幅值为负；若 $\theta < \alpha$，则检测信号的幅值为正。该检测信号幅值的正负表明了指令位置与实际位置之间超前或滞后的关系。θ 与 α 的差值越大，表明位置的偏差越大。由此看出，只要能检测出检测元件输出电压信号的幅值，就能获得激磁信号电气角 α 与 θ 的相对关系，这就是鉴幅器的任务。检测元件输出电压信号 U_B 经鉴幅器后，变成方向与工作台移动方向相对应、幅值与工作台位移成正比的直流电压信号。为了实现闭环控制，该直流电压信号须经电压—频率变换器变成相应的数字脉冲（脉冲的个数与电压幅值成正比），一方面与指令脉冲 F 比较以获得位置偏差信号 ΔS，另一方面作为修改激磁信号中 α 值的设定输入。幅值比较伺服系统的工作原理简述如下：

当指令脉冲 $F = 0$，则工作台静止不动。因 $F = 0$，则有 $\alpha = \theta$（原来静止状态），经鉴幅器检测到检测元件输出电压幅值为零，由电压频率变换器所得的 P_f 也为零，则比较环节输出的位置偏差信号 $\Delta S = F - P_f = 0$，伺服电动机调速部分的速度给定也为零，工作台继续静止不动。

若 F 为正指令脉冲，则工作台正向运动。由于伺服电动机转动之前，α 与 θ 均未变化，仍保持相等，所以鉴幅器输出直流电压为零，反馈脉冲 P_f 也为零。由于 F 为正，则 $\Delta S = F - P_f > 0$，ΔS 经 D/A 转换后作为伺服电机调速系统的速度给定值，伺服电机向正指令位置转动，带动工作台正向运动。工作台一运动，θ 与 α 不相等，反馈脉冲 P_f 就发生变化，使位置偏差值 ΔS 逐渐减小，直至 $F = P_f$ 时 $\Delta S = 0$，系统在新的指令位置达到平衡，工作台停止正向运动。

若指令脉冲 F 为负，则工作台向负方向移动。整个系统的检测、比较判别等的控制过程与 F 为正时基本相似，只是工作台向反向移动，α 也跟随变化，直至在负向的指令位置而停止。

需要指出的是，θ 变化，若 α 不随着变化，虽然工作台在向指令位置靠近，但 α 与 θ 的差值增大了，这不符合系统设计要求。为此，用反馈信号 P_f 经激磁电路修改 α，使 α 跟随 θ 变化。一旦到达指令位置，反馈脉冲 P_f 一方面使 ΔS 为零；另一方面也应使 α 增大，使 α 与 θ 差值为零，以便在新的平衡位置使检测元件的输出电压为零。

综上所述，在幅值比较伺服系统中，激磁信号的电气角 α 由系统设定，并跟随工作台的位移而变化。可以利用 α 作为工作台实际位置的测量值，并通过数显装置将其显示。工作台在稳定平衡位置时，数显装置所显示的是指令位置的实测值。

（四）CNC 系统中的位置控制

CNC 系统位置控制的特点是：利用计算机的计算功能，把来自位置检测元件的反馈信号在计算机中与插补软件输出的指令信号进行比较，以实现位置控制。

安装在工作台上的位置传感器（在半闭环系统中为安装在电动机轴上的角度传感器）将机械位移转换为数字脉冲，该脉冲送至 CNC 系统的位置测量接口，由计数器进行计数。计算机以固定的时间周期对该反馈脉冲进行采样，采样值与插补软件输出的插补结果进行比较，得到位置误差。该误差经软件增益放大，输出给硬件接口电路数模转换器（D/A），从而为伺服驱动系统提供控制电压，带动工作台向减少误差的方向移动。如果插补程序不断地输出插补结果，工作台就不断地进给，只有位置误差为零时，工作台才停止在要求的位置上。

以 X 轴为例的 CNC 系统位置接口如图 2-52 所示。位置反馈信号可通过与电动机同轴连接的光电脉冲编码器得到。该脉冲信号通过计数器的计数即可反映出工作台的实际位置。位置控制程序和插补程序一样，都是系统的中断服务程序，其软件框图如图 2-53 所示。

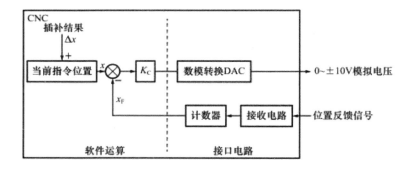

图 2-52　数控装置位置控制接口

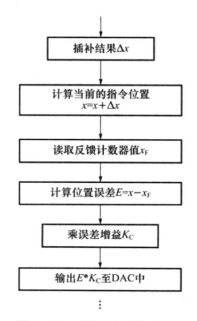

图 2-53　闭环控制软件框图

　　当运行停止时，插补程序被禁止执行，因此插补输出结果为零，$x = x_F$，位置偏差为零，输出的模拟电压为零。当进给轴须运动时，插补程序输出的结果为 Δx，$x + \Delta x$ 是新的指令位置，此时计算机将 $x + \Delta x$ 指令位置与计数器中反映的实际位置进行比较，当不相等时，其差值经 K_c 增益放大，由数模转换器输出一定的模拟电压，使得电动机带动工作台向减小误差的方向移动，直至指令值与实际值相等为止。

　　值得指出的是，当电动机停止运动时，这种闭环位置控制实质上是一种动态定位，即位置闭环控制仍处于工作状态。无论何种干扰（如电网电压波动、伺服装置漂移、负载转矩扰动等）使电动机偏移了指令位置，位置闭环控制立即输出一定的电压给伺服驱动系统，驱动电动机试图维持原来的指令位置。实际上由于各种扰动的存在，电动机停止运动时，在定位位置上始终存在着闭环修正。因此，动态定位实质上是由电磁转矩维持的定位。

第三章 数控编程基础

第一节 坐标系与原点

一、认识数控加工中的坐标系

在数控机床中，刀具的运动是在坐标系中进行的。在一台机床上，有各种坐标系及坐标，认真理解这些参照对使用、操作机床及编程都很重要。

（一）机床标准坐标系

对于数控机床中的坐标系和运动方向命名，ISO 标准和我国标准 JB/T 19660—2005 都统一规定采用标准的右手直角笛卡儿坐标系，使用一个直线进给运动或一个圆周进给运动定义一个坐标轴。

1. 坐标系的构成

标准中规定直线进给运动用右手直角笛卡儿坐标系 X、Y、Z 表示，常称基本坐标系。X、Y、Z 坐标轴的确定用右手螺旋法则决定。

如图 3-1 所示，图中大拇指的指向为 X 轴的正方向，食指指向为 Y 轴的正方向，中指指向为 Z 轴的正方向。围绕 X、Y、Z 轴旋转的圆周进给坐标分别用 A、B、C 表示。根据右手螺旋法则，可以方便地确定 A、B、C 三个旋转坐标轴。以大拇指指向 +X、+Y、+Z 方向，则食指、中指等的指向是圆周进给运动 +A、+B、+C 方向。

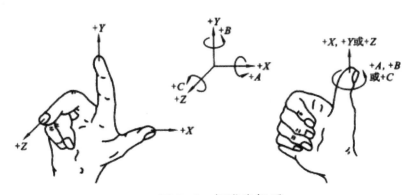

图 3-1 标准坐标系

如果数控机床的运动多于 X、Y、Z 三个坐标，可用附加坐标轴 U、V、W 分别来表示平行于 X、Y、Z 三个坐标轴的第二组直线运动；如果在回转运动 A、B、C 外还有第二组回转运动，可分别指定为 D、E、F。不过，大部分数控机床加工只需三个直线坐标轴及一个旋转坐标轴便可完成大部分零件的数控加工。

2. 运动方向的确定

数控机床的进给运动，有的是刀具向工件运动来实现的，有的是由工作台带着工件向刀具运动来实现的。为了在不知道刀具、工件之间如何做相对运动的情况下，便于确定机床的进给操作和编程，必须弄清楚各坐标轴的运动方向。

Z 坐标的运动是由传递切削力的主轴所决定的，可表现为加工过程带动刀具旋转，也可表现为带动工件旋转。对于有主轴的机床，与主轴轴线平行的标准坐标轴为 Z 坐标轴，远离工件的刀具运动方向为 Z 轴正方向，如图 3-2 和图 3-3（a）、（b）所示。当机床有几个主轴时，则选一个垂直于工件装夹面的主轴为 Z 轴。对于没有主轴的机床，则规定垂直于工件在机床工作台的定位表面的轴为 Z 轴，如图 3-3（c）所示。

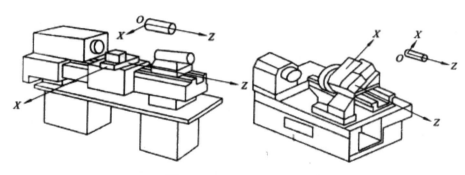

图 3-2　卧式车床坐标系

X 坐标轴是水平的，平行于工件的装夹面，且平行于主要的切削方向。对于加工过程中主轴带动工件旋转的机床（如车床、磨床等），X 坐标轴的方向沿工件的径向，平行于横向滑座或其导轨，刀架上的刀具或砂轮远离工件旋转中心的方向为 X 轴正方向，如图 3-2 所示。对于加工过程中主轴带动刀具旋转的机床（铣床、钻床、镗床等），如果 Z 轴是水平的（卧式），则从主轴向工件方向看，X 轴的正方向指向右方，如图 3-3（a）所示。如果 Z 轴是垂直的（立式），则从主轴向立柱方向看，X 轴的正方向指向右方，如图 3-3（b）所示。

根据 X、Z 轴及其方向，按右手直角笛卡儿坐标系即可确定 Y 轴的方向，如图 3-3 所示。

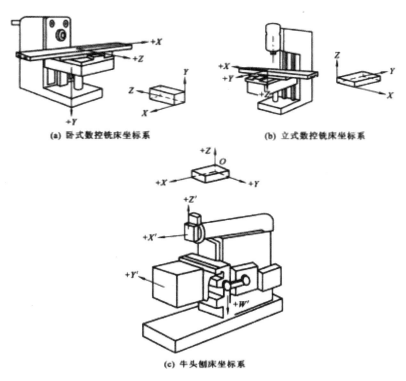

图 3-3　常用机床坐标系

（二）机床原点和机床参考点

1. 机床原点

机床原点是机床基本坐标系的原点，是工件坐标系、机床参考点的基准点，又称机械原点、机床零点。它是机床上的一个固定点，其位置是由机床设计和制造单位确定的，通常不允许用户更改，如图 3-4 所示。

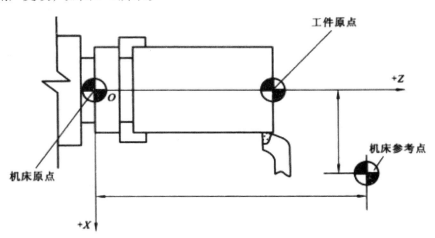

图 3-4　机床原点和机床参考点

机床原点在机床装配、调试时就已确定下来了，是数控机床进行加工运动的基准参考点。在数控车床上，机床原点一般在卡盘端面与主轴中心线的交点处；数控铣床的机床原点，各生产厂家不一致，有的在机床工作台的中心，有的在进给行程的终点。

2. 机床参考点

机床参考点是机床坐标系中一个固定不变的点，是机床各运动部件在各自的正方向自动退至极限的一个点（由限位开关精密定位），如图 3-4 所示。机床参考点已由机床制造厂家测定后输入数控系统，并记录在机床说明书中，用户不得更改。

实际上，机床参考点是机床上最具体的一个机械固定点，既是运动部件返回时的一个固定点，又是各轴启动时的一个固定点；而机床零点（机床原点）只是系统内运算的基准点，处于机床何处无关紧要。机床参考点对机床原点的坐标是一个已知定值，可以根据该点在机床坐标系中的坐标值间接确定机床原点的位置。

在机床接通电源后，通常要做回零操作，使刀具或工作台运动到机床参考点。注意，通常我们所说的回零操作，其实是指机床返回机床参考点的操作，并非返回机床零点。当返回机床参考点的工作完成后，显示器即显示出机床参考点在机床坐标系中的坐标值，表明机床坐标系已经自动建立。

机床在回机床参考点时所显示的数值表示机床参考点与机床零点间的工作范围，该数值被记在 CNC 系统中，并在系统中建立了机床零点作为系统内运算的基准点。也有机床在返回机床参考点时，显示为零（0，0，0），这表示该机床零点被建立在机床参考点上。

许多数控机床不设机床参考点，该点至机床原点在其进给坐标轴方向上的距离在机床出厂时已确定，它是由机床制造厂家精密测量确定的。有的机床参考点与机床原点重合。一般来说，机床参考点为机床的自动换刀位置，如图 3-5 所示。

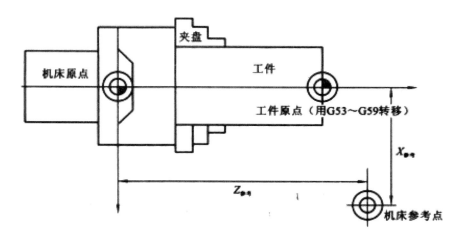

图 3-5　机床参考点

（三）工件坐标系和工件原点

工件坐标系是编程人员在编程时使用的，由编程人员以工件图纸上的某一固定点为原点所建立的坐标系，编程尺寸都按工件坐标系中的尺寸确定。为保证编程与机床加工的一致性，工件坐标系也应该是右手笛卡儿坐标系，而且工件装夹到机床上时，应使工件坐标系与机床坐标系的坐标轴方向保持一致。

1. 工件原点的概念

在工件坐标系上，确定工件轮廓的编程和计算原点，称为工件坐标系原点，简称为工件原点，亦称编程原点。工件原点在工件上的位置可以任意选择，为了有利于编程，工件原点最好选在工件图样的基准上或工件的对称中心上，如回转体零件的端面中心、非回转体零件的角边、对称图形的中心等。

在数控车床上加工零件时，工件原点一般设在主轴中心线与工件右端面或左端面的交点处，如图 3-4 所示；在数控铣床上加工零件时，工件原点一般设在工件的某个角上或对称中心上，如图 3-6 所示。

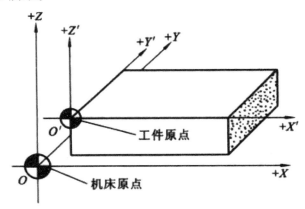

图 3-6　数控铣床坐标系

在加工中，由于工件的装夹位置相对机床来说是固定的，所以工件坐标系在机床坐标系中的位置也就确定了。

2. 工件原点的应用

为了编程方便，可将方便计算的点作为编程原点，如图 3-7 所示的台阶轴工件，用机床原点编程时，车端面和各台阶长度都要进行烦琐的计算。如果以工件 $\phi 36$ mm 端面为编程原点，也就是将工件编程零点从机床零点 ϕ 偏置到 $\phi 6$ mm 端面 W，如图 3-8 所示，编程时就方便多了。

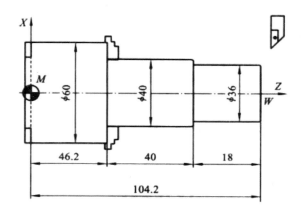

图 3-7 选用机床原点为编程原点

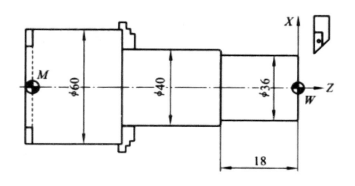

图 3-8 选用工件右端面为编程原点

（四）工件坐标系和机床坐标系的关系

数控编程时，所有尺寸都按工件坐标系中的尺寸确定，不必考虑工件在机床上的安装位置和安装精度，但在加工时需要确定机床坐标系、工件坐标系、刀具起点三者的位置才能加工。工件装夹在机床上后，可通过对刀确定工件在机床上的位置。

数控加工前，通过对刀操作来确定工件坐标系与机床坐标系的相互位置关系。加工时，工件随夹具在机床上安装后，测量工件原点与机床原点之间的距离，这个距离称为工件原点偏置，如 3-9 所示。在用绝对坐标编程时，该偏置值可以预存到数控装置中，在加工时工件原点偏置值可以自动加到机床坐标系上，使数控系统可按机床坐标系确定加工时的坐标值。

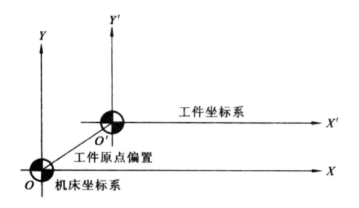

图 3-9 工件原点偏置

二、刀具与工件相对位置的确定

（一）对刀点

对刀点也叫起刀点，用于确定刀具与工件的相对位置。对刀点可以是工件或夹具上的点，或者与它们相关的易于测量的点。对刀点确定之后，机床坐标系与工件坐标系的相对关系就确定了。图 3-10 所示的点 Z 即为对刀点。

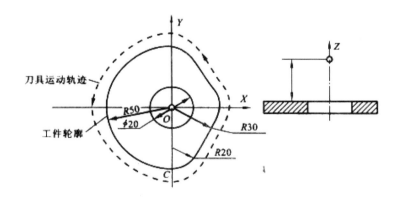

图 3-10 确定对刀点

对刀点可以设置在被加工零件上，也可以设置在夹具上，或与零件定位基准有一定尺寸联系的某一位置上，有时对刀点就选择在零件的加工原点。对刀点的设置原则如下：

1. 所选的对刀点应使程序编制简单；

2. 对刀点应选择在容易找正、便于确定零件加工原点的位置；

3. 对刀点应选在加工时检验方便、可靠的位置；

4. 对刀点的选择应有利于提高加工精度。

（二）刀位点

刀位点是指刀具的定位基准点。在进行数控加工编程时，往往是将整个刀具浓缩为一个点，那就是刀位点。

圆柱铣刀的刀位点是刀具中心线与刀具底面的交点，球头铣刀的刀位点是球头的球心点或球头顶点，车刀的刀位点是刀尖或刀尖圆弧中心，钻头的刀位点是钻头顶点。

对刀就是使对刀点与刀位点重合的操作。对刀时，直接或间接地使对刀点与刀位点两点重合。

（三）换刀点

换刀点可以是某一固定点（如加工中心，其换刀机械手的位置是固定的），也可以是任意一点（如数控车床）。为防止换刀时碰伤零件与其他部件，换刀点常常设置在被加工零件或夹具的轮廓之外，并留有一定的安全量。

第二节　数控程序结构

数控编程是指编程者根据零件图样和工艺文件的要求，编制出可在数控机床上运行以完成规定加工任务的一系列指令的过程。

一、数控编程的概念

输入数控系统中并使数控机床执行一个明确的加工任务，且具有特定代码和其他规定符号编码的一系列指令称为数控程序。它是数控机床的应用软件。而生成数控机床进行零件加工的数控程序的过程，则为数控编程。各数控系统使用的数控程序的语言规则与格式不尽相同，应用时应严格按各设备编程手册中的规定进行编制。

数控编程是一个十分严格的工作，它是数控加工中重要的步骤，必须遵守各相关的标准。只有掌握一些基本的知识，才能更好地进行相应的处理、运算等，做出合理的加工程序，实现刀具与工件的相对运动，自动完成零件的生产加工。

（一）程序编辑的内容和步骤

程序编辑的步骤及内容说明如表 3-1 所示。

表 3-1　程序编制的步骤及内容说明

步骤	内容说明
加工工艺分析	编程人员首先要根据零件图样，对零件的材料、形状、尺寸、精度和热处理要求等进行加工工艺分析，合理地选择加工方案，确定加工顺序、加工路线、装夹方式、刀具及切削用量等；同时，还要考虑所用机床的指令功能，充分发挥机床的效能。加工路线要短，要正确地选择对刀点、换刀点，减少换刀次数
数学处理	在完成工艺分析处理后，应根据零件的形状、尺寸、走刀路线来计算零件轮廓上各几何元素的起点、终点、圆弧的圆心坐标等
编写零件加工程序单	在完成上面两个步骤后，编程人员应根据数控系统规定的程序功能指令，按照规定的程序格式，逐段编写零件加工程序单。此外，还应附上必要的加工示意图、刀具布置图、机床调整卡、工序卡和必要的说明
制作控制介质	把编制好的程序单上的内容记录在控制介质上，作为数控装置的输入信息。通过程序的手工输入或通信传输方式送入数控系统
程序校验与首件试切	编写的程序单和制作好的控制介质，必须经过校验和试切才能正式使用。校验的方法是直接将控制介质上的内容输入数控装置中，让机床空转，以检查机床的运动轨迹是否正确。当发现有误差时，要及时分析误差产生的原因，找出问题所在，加以修正

（二）数控编程的方法

数控编程通常分为手工编程和自动编程两大类。

1. 手工编程

从工件图样分析、工艺处理、数值计算、编写零件加工程序单、程序输入直到程序校验等各阶段，均由人工完成的编程方法称为手工编程。对于加工形状简单的零件，计算比较简单，程序不多，采用手工编程既经济又及时，比较容易完成。目前国内大部分的数控机床编程处于这一层次。

手工编程的意义在于加工形状简单的工件（如由直线与直线或直线与圆弧组成的轮廓）时，编程快捷、简便，不需要具备特别的条件（价格较高的自动编程机及相应的硬件和软件等），对机床操作或编程人员没有特殊条件的制约，还具有较大的灵活性和编程费用少等优点。

2. 自动编程

由计算机或编程器完成程序编制中的大部分或全部工作的编程方法称为自动编程。

（1）数控语言编程

数控语言自动编程的编程人员根据被加工工件图样要求和工艺过程，运用专用的数控语言（APT）编制零件加工源程序，用于描述工件的几何形状、尺寸大小、工艺路线、工艺参数及刀具相对工件的运动关系等，不能直接用来控制数控机床。源程序编写后输入计算机，经编译系统翻译成目标程序后才能被系统所识别。最后，系统根据具体数控系统所要求的指令和格式进行后置处理，生成相应的数控加工程序。

（2）CAD/CAM系统自动编程

随着CAD/CAM技术的成熟和计算机图形处理能力的提高，可直接利用CAD模块生成几何图形。采用人机交互的实时对话方式，在计算机屏幕上指定被加工部位，输入相应的加工参数，计算机便可自动进行必要的数学处理并编制出数控加工程序，同时在计算机屏幕上动态显示出刀具的加工轨迹。这种利用CAD/CAM系统进行数控加工编程的方法与数控语言自动编程相比，具有效率高、精度高、直观性好、使用简便、便于检查等优点，从而成为当前数控加工自动编程的主要手段。

不同的CAD/CAM系统其功能指令、用户界面各不相同，编程的具体过程也不尽相同。但从总体上来讲，编程的基本原理及步骤大体上是一致的。

二、程序结构与程序段格式

（一）程序的结构

数控加工程序由遵循一定结构、句法和格式规则的若干个程序段组成，每个程序段是由若干个指令字组成的。一个完整的数控加工程序由程序号、程序主体和程序结束三部分组成。

程序号位于数控加工程序主体前，是数控加工程序的开始部分，一般独占一行。为了区别存储器中的数控加工程序，每个数控加工程序都要有程序号。程序号一般由规定的字母"O""P"或符号"%"开头，后面紧跟若干位数字，常用的是两位数字和四位数字两种，前面的"0"可以省略（但其后续数字切不可为4个"0"）。

程序主体也就是程序的内容，是整个程序的核心部分，由多个程序段组成。程序段是数控加工程序中的一句，单列一行，表示工件的一段加工信息，用于指挥机床完成某一个动作。若干个程序段的集合，则完整地描述了某一个工件加工的所有信息。

（二）程序段格式

程序段格式是指在同一程序段中开头字母、数字、符号等各个信息代码的排列顺序和含义规则的表示方法。程序段的格式可分为字地址程序段格式、具有分隔符号TAB的固定顺序的程序段格式、固定顺序程序段格式。广泛使用的就是字地址程序段格式（也称可变程序段格式）。这种程序段格式是用地址码来指明数据的意义，因此不需要的字或与上一程序段相同的字都可省略，所以程序段的长度是可变的。采用这种格式的优点就是程序中所包含的信息可读性好，便于人工编程修改。

三、功能字

（一）准备功能字

准备功能字的地址符是 G，它是设立机床加工方式，为数控机床的插补运算、刀补运算、固定循环等做好准备。G 指令由字母 G 和后面的两位数字组成，从 G00 到 G99 共100 种，见表 3-2。

表 3-2　G 指令的用法与功能

G 代码	功能保持到被取消或被同样字母表示的程序指令所代替	功能仅在所出现的程序段内有效	功能
G00	a		点定位
G01	a		直线插补
G02	a		顺时针圆弧插补
G03	a		逆时针圆弧插补
G04		*	暂停
G05	#		不指定
G06	a		抛物线插补
G07	#		不指定
G08			加速
G09			减速
G10 ~ G16	#		不指定
G17	c		XY 平面选择
G18	c		ZX 平面选择
G19	c		YZ 平面选择
G20 ~ G32	#		不指定
G33	a		等螺距螺纹切削
G34	a		增螺距螺纹切削
G35	a		减螺距螺纹切削
G36 ~ G39	#		永不指定

（续表）

G 代码	功能保持到被取消或被同样字母表示的程序指令所代替	功能仅在所出现的程序段内有效	功能
G40	d		刀具补偿/刀具偏置注销
G41	d		刀具补偿（左）
G42	d		刀具补偿（右）
G43	#（d）		刀具偏置（正）
G44	#（d）		刀具偏置（负）
G45	#（d）		刀具偏置（+/+）
G46	#（d）		刀具偏置（+/-）
G47	#（d）		刀具偏置（-/-）
G48	#（d）		刀具偏置（-/+）
G49	#（d）		刀具偏置（0/+）
G50	#（d）		刀具偏置（0/-）
G51	#（d）		刀具偏置（+/0）
G52	#（d）		刀具偏置（-/0）
G53	f		直线偏移注销
G54	f		直线偏移 X
G55	f		直线偏移 Y
G56	f		直线偏移 Z
G57	f		直线偏移 XY
G58	f		直线偏移 XZ
G59	f		直线偏移 YZ
G60	h		准确定位 1（精）
G61	h		准确定位 2（中）
G62	h		准确定位（粗）
G63	*		攻丝
G64 ~ G67	#	#	不指定
G68	#（d）	#	刀具偏置，内角

（续表）

G 代码	功能保持到被取消或被同样字母表示的程序指令所代替	功能仅在所出现的程序段内有效	功能
G69	#（d）	#	刀具偏置，外角
G70 ~ G79	#	#	不指定
G80	e		固定循环注销
G81 ~ G89	e		固定循环
G90	j		绝对尺寸
G91	j		增量尺寸
G92		*	预置寄存
G93	k		时间倒数，进给率
G94	k		每分钟进给
G95	k		主轴每转进给
G96	i		恒线速度
G97	i		主轴每分钟转速
G98，G99	#	#	不指定

说明：#——如选作特殊用途，须在程序格式说明中说明；*——程序启动时生效。

G 指令分为模态指令和非模态指令。模态指令又称续效代码，是指在程序中一经使用后就一直有效，直到出现同组中的其他任一 G 指令将其取代后才失效。非模态指令只在编有该代码的程序段中有效，下一程序段需要时必须重写。

（二）坐标尺寸字

坐标尺寸字在程序段中主要用来指定机床的刀具运动到达的坐标位置。尺寸字可以使用米制，也可以使用英制，FANUC 系统用 G20/G21 切换。

尺寸字是由规定的地址符及后续的带正、负号的多位十进制数组成。常用的地址符有 X、Y、Z、U、V、W，主要表示指令到达点坐标值或距离；I、J、K 主要表示零件圆弧轮廓圆心点的坐标尺寸。有些数控系统在尺寸字中允许使用小数点编程，无小数点的尺寸字指令的坐标长度等于数控机床设定单位与尺寸字中数字的乘积。例如，采用米制单位，若设定为 1 μm，则指定 X 向尺寸 400 mm 时，应写成 X400.0 或 X400000。

（三）辅助功能字

辅助功能字的地址符是 M，它用来控制数控机床中辅助装置的开关动作或状态。与 G 指令一样，M 指令由字母 M 和其后的两位数字组成，从 M00 到 M99 共 100 种。常用的 M 指令如下：

1. M00（程序暂停）。执行 M00 指令，主轴停、进给停、切削液关、程序停止。欲继续执行后续程序，应按操作面板上的循环启动键。该指令方便操作者进行刀具和工件的尺寸测量、工件掉头、手动变速等操作。

2. M01（选择停止）。该指令与 M00 功能相似，不同的是，M01 只有在机床操作面板上的"选择停止"开关处于"开"状态时，此功能才有效。

3. M02（程序结束）。该指令表示加工程序全部结束，机床的主轴、进给、切削液全部停止，一般放在主程序的最后一个程序段中。

4. M03（主轴转速）。由主轴转速功能字 S 指定。该指令使主轴正转。

5. M04（主轴反转）。该指令使主轴反转。

6. M05（主轴停止）。在 M03 或 M04 指令作用后，可以用 M05 指令使主轴停止。

7. M08（切削液开）。该指令使切削液打开。

8. M09（切削液关）。该指令使切削液关闭。

9. M30（程序结束并返回到程序开始）。该指令与 M02 功能相似，只是 M30 兼有控制返回程序头的作用。

（四）进给功能字

进给功能字的地址符是 F，它用来指定各运动坐标轴及其任意组合的进给量或螺纹导程。

该指令是模态代码。现代数控机床一般都使用直接指定法，即 F 后跟的数字就是进给速度的大小。例如，F80 表示进给速度是 80 mm/min。这种表示较为直观，为用户编程带来方便。

有的数控系统，可用 G94/G95 来设定进给速度的单位。G94 是表示进给速度与主轴速度无关的每分钟进给量，单位为 mm/min；G95 是表示与主轴速度有关的主轴每转进给量，单位为 mm/r。

（五）主轴转速功能字

主轴转速功能字的地址符是 S，它用来指定主轴转速或速度，单位为 r/min 或 m/min。该指令是模态代码。其表示方法采用直接指定法，即 S 后跟的数字就是主轴转速

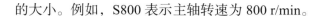

的大小。例如，S800 表示主轴转速为 800 r/min。

（六）刀具功能字

刀具功能字的地址符是 T，它是用来指定加工中所用刀具和刀补号的。该指令是模态代码。常用的表示方法是 T 后跟两位或四位数字。

第三节　数控加工用刀具

数控加工用刀具材料主要包括高速钢、硬质合金、陶瓷、立方氮化硼、人造金刚石等。目前广泛使用气相沉积技术来提高刀具的切削性能和刀具耐用度。气相沉积可以用来制备具有特殊力学性能（如超硬、耐热等）的薄膜涂层。刀具涂层技术目前可分为两大类，即化学气相沉积和物理气相沉积。

先进的机床需要有先进完备的刀具辅助系统为其做支撑，因而现代数控机床在传统机床的基础上对刀具有了更高的要求。现代数控机床广泛使用机夹硬质合金刀具，并且逐步开始推广使用硬质合金涂层刀具。

一、数控车削用刀具

数控车床使用的刀具从切削方式上可分为三类：外圆表面切削刀具、端面切削刀具和内圆表面切削刀具。

（一）刀具材料基本要求

要实现数控车床的合理切削，必须有与之相适应的刀具与刀具材料。切削中刀具切削刃要承受很高的温度和很大的切削力，同时还要承受冲击与振动，要使刀具能在这样的条件下工作，并保持良好的切削能力，刀具材料应满足以下基本要求：

1. 高硬度和高耐磨性。刀具材料的硬度应大于工件材料的硬度才能维持正常的切削。

2. 足够的强度和韧性。刀具材料必须具备足够的抗弯强度和冲击韧性，以承受切削力、冲击和振动，避免在切削过程中产生断裂和崩刃。

3. 良好的耐热性能。刀具耐热性是指刀具材料在切削过程中的高温下保持硬度、耐磨性、强度和韧性的能力。

4. 良好的工艺性。为了便于刀具的制造，要求刀具材料具有良好的工艺性，如良好的热处理性能和刃磨性等。

5. 经济性。经济性是指刀具材料价格及刀具制造成本，整体上的经济性可以使分摊到每个工件的成本不高。

（二）数控车削用刀具的特点

为了满足数控车床的加工工序集中、零件装夹次数少、加工精度高和能自动换刀等要求，数控车床使用的数控刀具有如下特点：

1. 高加工精度。为适应数控加工高精度和快速自动换刀的要求，数控刀具及其装夹结构必须具有很高的精度，以保证在数控车床上的安装精度和重复定位精度。

2. 高刚性。数控车床所使用的刀具应具有适应高速切削的要求，具有良好的切削性能。

3. 高耐用度。数控加工刀具的耐用度及其经济寿命的指标应具有合理性，要注重刀具材料及其切削参数与被加工工件材料之间匹配的选用原则。

4. 高可靠性。要求刀具应有很高的可靠性，性能和耐用度不能有较大差异。

5. 装卸调整方便，避免加工过程中出现意外的损伤，而且满足同一批刀具的切削刀具系统装载质量限度的要求，对整个数控刀具自动换刀系统的结构进行优化。

6. 标准化、系列化、通用化程度高，使数控加工刀具最终达到高效、多能、快换和经济的目的。

（三）数控车削用刀具的选用原则

1. 确定工序类型。确定工序类型即确定外圆、内孔加工顺序。一般遵循先内孔后外圆的原则，即先进行内部型腔的加工，再进行外圆的加工。

2. 确定加工类型。确定加工类型即确定外圆车削、内孔车削、端面车削、螺纹车削的类型。数控车削加工的工艺特点是以工件旋转为主运动，车刀运动为进给运动，主要用来加工各种回转表面。根据所选用的车刀角度和切削用量的不同，车削可分为粗车、半精车和精车等阶段。最常见、最基本的车削方法是外圆车削；内孔车削是指用车削方法扩大工件的孔或加工空心工件的内表面，也是最常采用的车削加工方法之一；端面车削主要指的是车端平面（包括台阶端面）；螺纹车削一般使用成型车刀加工。

3. 确定刀具夹紧方式。

4. 确定刀具形式。

5. 确定刀具中心高。一般刀具中心高主要有 16、20、25、32 和 40 mm 等。

6. 选择刀片。选择刀片的形状、型号、槽型、刀尖和牌号。

（四）刀具的选择和预调

选择数控车削用刀具要针对所用机床的刀架结构，现以图 3-11 所示的某数控车床的刀盘结构为例加以说明。这种刀盘一共有 6 个刀位，每个刀位上可以在径向安装刀具，也可以在轴向装刀，外圆车刀通常安装在径向，内孔车刀通常安装在轴向。刀具以刀杆尾部和一个侧面定位，当采用标准尺寸的刀具时，只要定位、锁紧可靠，就能确定刀尖在刀盘上的相对位置。可见对于这类刀盘结构，车刀的柄部要选择合适的尺寸，刀刃部分要选择机夹不重磨刀具，并且刀具的长度不得超出规定的范围，以免发生干涉现象。

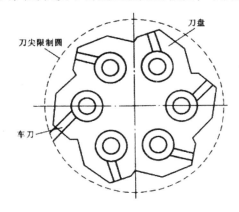

图 3-11　数控车床对车刀的限制

数控车床刀具预调的主要工作包括如下四项内容：

1. 按加工要求选择全部刀具，并对刀具外观，特别是刃口部位进行检查。

2. 检查、调整刀尖的高度，实现等高要求。

3. 刀尖圆弧半径应符合程序要求。

4. 测量和调整刀具的轴向与径向尺寸。

二、数控铣削用刀具

（一）面铣刀类

面铣刀一般采用在盘状刀体上机夹刀片或刀头组成，常用于铣削较大的平面。

铣削刀具齿距是刀齿上某一点和相邻刀齿上相同点之间的距离。面铣刀分为疏齿、密齿和超密齿。当稳定性和功率有限时，采用疏齿方式，用以减少刀片数目并采用不等齿距以得到最高生产率；在一般用途生产和混合生产的条件下首选密齿；在稳定条件下采用超密齿以获得较高生产率。

面铣刀盘直径和位置选择应根据工件尺寸，主要是根据工件宽度来选择直径。在选择过程中，机床功率要先考虑。为达到较好的切削效果，刀具位置、刀齿和工件接触的形式也要考虑。一般来说，用于面铣刀的直径应比切宽大 20% ～ 50%。

（二）立铣刀类

立铣刀类有立铣刀、键槽铣刀和球头铣刀等。

1. 立铣刀。立铣刀主要用于各种凹槽、台阶及成型表面的铣削。其主切削刃位于圆周面上，端面上的切削刃是副刀刃。立铣刀一般不宜沿轴线方向进给。

2. 键槽铣刀。键槽铣刀主要用于加工封闭槽。外形类似立铣刀，有两个刀齿，端面切削刃为主切削刃，圆周的切削刃是副刀刃。

3. 球头铣刀。球头铣刀主要用于加工模具型腔或凸模成型表面。曲面加工时也常采用球头铣刀，但加工曲面较平坦的部位时，刀具以球头顶端切削，切削条件较差，因而应采用圆鼻刀。在单件或小批量生产中，采用鼓形、锥形和盘形铣刀来加工变斜角零件。

（三）粗铣球头仿形铣刀

粗铣球头仿形铣刀的主要技术特色为：

1. 刀具整体设计双负结构，采用了 -10° 的刃倾角，提高了排屑性能和刀具的抗冲击与抗震动性能。

2. 刀片的定位设计采用了最稳定的三角面定位原理，采用一次定位磨加工完成，特殊开发的检查夹具控制，定位精度较高。

3. 刀片的刃形设计非常有特色，只用了一个圆弧和直线构造刀片刃形轮廓，通过特殊的造型处理，刃形的设计理论精度达到：球形刃最大误差仅为 0.005 mm，直线刃的最大误差为 0.02 mm。这样设计的优点是大批量制造容易实现，刀片的刃形仅为一个直线和一个圆弧，这是最为简洁的设计思路，大大降低了模具、刀片研磨等工序的制造复杂性。

4. 双后角设计，保证刀具在有足够的刃部强度的同时可以大进给强力切削。

5. 刀体设计与制造采用最为先进的理念，所有应力集中的区域采用圆滑化设计处理，确保强力切削使用状况下刀体的绝对安全。

（四）三面刃铣刀

三面刃铣刀的应用领域极为广泛，其种类非常多，根据用途主要有以下四种：

1. 切断型。形式多种多样，刀体制造工艺异常复杂，采用四边形浅槽车削刀片，采用 SREW-ONC 螺钉压紧、锁紧刀片，这种结构形式在切薄壁件或细长件等刚性不好的工件时特别不利，但具有制造容易、刀片切削刃多且形状简单、相对经济性好等优点，因此切断型三面刃铣刀多选择 SECO 结构。

2. 单侧面加工。如发动机曲轴座侧面加工，根据图纸设计要求有多种倒角或倒圆要求，刀片种类繁多。

3. 沟槽加工。如铣刀螺旋槽，被加工槽宽度必须根据用户要求精调，同样底部有多种倒角或倒圆要求，刀片种类繁多。

4. 特种重型加工。如发动机曲轴内外铣、电力机车转向架定位槽、电力机车电动机内槽加工刀具都属于这一类型刀具。

（五）刀柄系统

数控铣床刀具系统由刀柄系统和刀具组成，而刀柄系统由三个部分组成，即刀柄、拉钉和夹头。

1. 刀柄

刀具通过刀柄与数控铣床或加工中心主轴连接，其强度、刚性、磨性、制造精度及夹紧力等对加工有直接影响。

数控铣床刀柄一般采用 7 ∶ 24 锥面与主轴锥孔配合定位，刀柄及其尾部供主轴内拉紧机构用的拉钉已实现标准化。加工中心的刀柄分为整体式和模块式两类。整体式刀柄刀具系统中，不同的刀具直接或通过刀具夹头与对应的刀柄连接组成所需要的刀具系统。模块式刀柄刀具系统是将整体式刀杆分解成柄部、中间连接块、工作部三个主要部分，然后通过各种连接在保证刀杆连接精度、刚度的前提下，将这三个部分连接成一个整体。

2. 拉钉与夹头

拉钉尺寸已标准化，ISO 或 GB 规定了 A 型和 B 型两种形式的拉钉，其中 A 型拉钉用于不带钢球的拉紧装置，B 型拉钉用于带钢球的拉紧装置。

夹头有两种，即 ER 弹簧夹头和 KM 弹簧夹头。其中，ER 弹簧夹头的夹紧力较小，适用于切削力较小的场合；KM 弹簧夹头的夹紧力较大，适用于强力铣削。

（六）铣刀的选择

选取刀具时，要使刀具的尺寸与被加工工件的表面尺寸和形状相适应。生产中，平面零件周边轮廓的加工，常采用立铣刀。铣削平面时，应选择硬质合金刀片铣刀；加工凸台、凹槽时，选择高速钢立铣刀；加工毛坯表面或粗加工孔时，可选择镶硬质合金的玉米铣刀。绝大部分铣刀由专业工具厂制造，加工时只须选好铣刀的参数即可。铣刀的主要结构参数有直径 d_0、宽度（或长度）L 及齿数 z。

刀具半径 r 应小于零件内轮廓面的最小曲率半径 ρ，一般取 $r=(0.8 \sim 0.9)\rho$。

零件的加工高度 $H<(1/4 \sim 1/6)r$，以保证刀具有足够的刚度。

对不通孔（深槽），选取 $L=H+(5 \sim 10)\mathrm{mm}$（$L$ 为刀具切削部分长度，H 为零件高度）。

加工通孔及通槽时，选取 $L=H+r_\mathrm{c}+(5 \sim 10)\mathrm{mm}$（$r_\mathrm{c}$ 为刀尖角半径）。

铣刀直径 d_0 是铣刀的基本结构参数，其大小对铣削过程和铣刀的制造成本有直接影响。选择较大铣刀直径，可以采用较粗的心轴，提高加工系统刚性，切削平稳，加工表面质量好，还可增大容屑空间，提高刀齿强度，改善排屑条件。另外，刀齿不切削时间长，散热好，可采用较高的铣削速度。但选择大直径铣刀也有一些不利因素，如刀具成本高、切削扭矩大、动力消耗大、切入时间长等。在保证足够的容屑空间及刀杆刚度的前提下，宜选择较小的铣刀直径。某些情况下则由工件加工表面尺寸确定铣刀直径。例如：铣键槽时，铣刀直径应等于槽宽。

铣刀齿数 z 对生产效率和加工表面质量有直接影响。同一直径的铣刀，齿数愈多，同时切削的齿数也愈多，使铣削过程较平稳，因而可获得较好的加工质量。另外，当每齿进给量一定时，可随齿数的增多而提高进给速度，从而提高生产率。但过多的齿数会减少刀齿的容屑空间，因此不得不降低每齿进给量，这样反而降低了生产率。一般按工件材料和加工性质选择铣刀的齿数。例如：粗铣钢件时，首先须保证容屑空间及刀齿强度，应采用粗齿铣刀；半精铣或精铣钢件、粗铣铸铁件时，可采用中齿铣刀；精铣铸铁件或铣削薄壁铸铁件时，宜采用细齿铣刀。

第四节　数控加工工艺

一、数控加工工艺系统概述

（一）数控加工工艺概念与工艺过程

1. 工艺过程

数控加工工艺是指采用数控机床加工零件时，所运用各种方法和技术手段的总和，应用于整个数控加工工艺过程。

数控加工工艺是伴随着数控机床的产生、发展而逐步完善起来的一种应用技术，它是人们大量数控加工实践的经验总结。数控加工工艺过程是利用切削刀具在数控机床上直接改变加工对象的形状、尺寸、表面位置、表面状态等，使其成为成品或半成品的过程。

数控加工过程是在一个由数控机床、刀具、夹具和工件构成的数控加工工艺系统中完成的。数控机床是零件加工的工作机械，刀具直接对零件进行切削，夹具用来固定被加工零件并使之占有正确的位置，加工程序控制刀具与工件之间的相对运动轨迹。工艺设计的好坏直接影响数控加工的尺寸精度和表面精度、加工时间的长短、材料和人工的耗费，甚至直接影响加工的安全性。所以，掌握数控加工工艺的内容和数控加工工艺的方法非常重要。

2. 数控加工工艺与数控编程的关系

①数控程序。输入数控机床，执行一个确定的加工任务的一系列指令，称为数控程序或零件程序。

②数控编程，即把零件的工艺过程、工艺参数及其他辅助动作，按动作顺序和数控机床规定的指令、格式，编成加工程序，再记录于控制介质即程序载体，输入数控装置，从而指挥机床加工并根据加工结果加以修正的过程。

③数控加工工艺与数控编程的关系。数控加工工艺分析与处理是数控编程的前提和依据，没有符合实际的、科学合理的数控加工工艺，就不可能有真正可行的数控加工程序。数控编程就是将制定的数控加工工艺内容程序化。

（二）数控加工工艺特点

数控加工采用了计算机控制系统和数控机床，使得数控加工与普通加工相比具有加工自动化程度高、精度高、质量稳定、生产效率高、周期短、设备使用费用高等特点。数控加工工艺与普通加工工艺也具有一定的差异。

1. 数控加工工艺内容要求更加具体、详细

普通加工工艺中许多具体工艺问题，如工步的划分与安排、刀具的几何形状与尺寸、走刀路线、加工余量、切削用量等，在很大程度上由操作人员根据实际经验和习惯自行考虑和决定，一般无需工艺人员在设计工艺规程时进行过多的规定，零件的尺寸精度也可由试切保证。数控加工工艺中所有工艺问题必须事先设计和安排好，并编入加工程序中。数控加工工艺不仅包括详细的切削加工步骤，还包括工夹具型号、规格、切削用量和其他特殊要求的内容，以及标有数控加工坐标位置的工序图等。在自动编程中更需要确定详细的各种工艺参数。

2. 数控加工工艺要求更严密、精确

普通加工工艺在加工时，可以根据加工过程中出现的问题，比较自由地进行人为调整。数控加工工艺自适应性较差，加工过程中可能遇到的所有问题必须事先精心考虑，否则导致严重的后果。如攻螺纹时，数控机床不知道孔中是否已挤满切屑，是否需要退刀清理一下切屑再继续加工。又如非数控机床加工，可以多次"试切"来满足零件的精度要求；而数控加工过程，严格按规定尺寸进给，要求准确无误。因此，数控加工工艺设计要求更加严密、精确。

3. 零件图形的数学处理和计算

编程尺寸并不是零件图上设计的尺寸的简单再现。在对零件图进行数学处理和计算时，编程尺寸设定值要根据零件尺寸公差要求和零件的形状几何关系重新调整计算，才能确定合理的编程尺寸。

4. 考虑进给速度对零件形状精度的影响

制定数控加工工艺时，选择切削用量要考虑进给速度对加工零件形状精度的影响。在数控加工中，刀具的移动轨迹是由插补运算完成的。根据插补原理分析，在数控系统已定的条件下，进给速度越快，则插补精度越低，导致工件的轮廓形状精度越差。尤其在高精度加工时，这种影响非常明显。

5. 强调刀具选择的重要性

从零件结构方面来说，数控加工的工艺性与普通机床加工的工艺性有所不同，一些在普通机械加工中工艺性不好的零件或结构，采用数控加工时则很容易实现，而有些用普通机床加工时工艺性较好的情况却不适合数控加工，这是由数控加工的原理和特点决定的。图 3-12 所示为在普通机床上用成型刀具加工三种沟槽的情形，从普通车床或磨床的切削方式进行工艺性判断，（a）的工艺性最好，（b）次之，（c）最差，因为（b）和（c）的槽刀具制造困难，切削抗力比较大，刀具磨损后不易重磨。若改用数控机床加工，如图 3-13 所示，则（c）工艺性最好，（b）次之，（a）最差，因为（a）在数控机床上加工时仍要用成型槽刀切削，不能充分利用数控加工走刀灵活的特点，（b）和（c）则可用通用的外圆刀具加工。

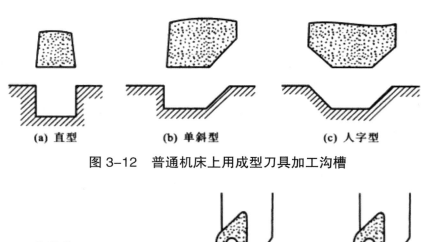

(a) 直型   (b) 单斜型   (c) 人字型

图 3-12　普通机床上用成型刀具加工沟槽

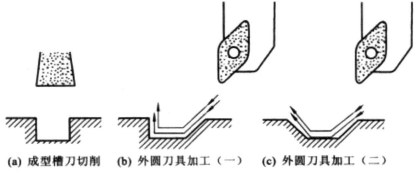

(a) 成型槽刀切削   (b) 外圆刀具加工（一）　(c) 外圆刀具加工（二）

图 3-13　在数控机床上加工不同的沟槽

又如图 3-14 所示的端面形状比较复杂的盘类零件，其轮廓剖面由多段直线、斜线和圆弧组成。虽然形状比较复杂，但用标准的 35° 刀尖角的菱形刀片可以毫无干涉地完成整个型面的切削，完全适合数控加工。

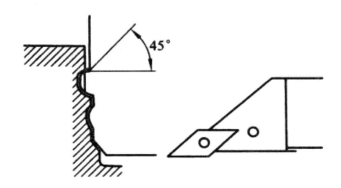

图 3-14　复杂轮廓面的数控加工

6. 数控加工工艺的特殊要求

①由于数控机床比普通机床的刚度高，所配的刀具也较好，因此在同等情况下，数控机床切削用量比普通机床大，加工效率也较高。

②数控机床的功能复合化程度越来越高，因此现代数控加工工艺的明显特点是工序相对集中，表现为工序数目少，工序内容多，并且由于在数控机床上尽可能安排较复杂的工序，所以数控加工的工序内容比普通机床加工的工序内容复杂。

③由于数控机床加工的零件比较复杂，因此在确定装夹方式和夹具设计时，要特别注意刀具与夹具、工件的干涉问题。

7. 数控加工工艺的特殊性

在普通工艺中，划分工序、选择设备等重要内容，对数控加工工艺来说属于已基本确定的内容，所以制定数控加工工艺的着重点是整个数控加工过程的分析，关键在确定进给路线及生成刀具运动轨迹。复杂表面的刀具运动轨迹生成须借助自动编程软件，既是编程问题，当然也是数控加工工艺问题。这是数控加工工艺与普通加工工艺最大的不同之处。

二、数控加工工艺文件

将工艺规程的内容填入一定格式的卡片中，用于生产准备、工艺管理和指导技术工人操作等的各种技术文件称为工艺文件。它是编制生产计划、调整劳动组织、安排物质供应、指导技术工人加工操作及技术检验等的重要依据。编写数控加工技术文件是数控加工工艺设计的内容之一。这些文件既是数控加工和产品验收的依据，也是操作者需要严格遵守和执行的规程。数控加工工艺文件还作为加工程序的具体说明或附加说明，其目的是让操作者更加明确程序的内容、安装与定位方式、各加工部位所选用的刀具及其他需要说明的事项，以保证程序的正确运行。

数控加工工艺文件主要包括数控加工工序卡、数控刀具调整单、机床调整单、零件加工程序单等。这些文件目前还没有一个统一的国家标准，但各企业可根据本单位的特点制定上述工艺文件。

（一）数控加工编程任务书

数控加工编程任务书记载并说明了工程技术人员对数控加工工序的技术要求、工序说明，以及数控加工前应保证的加工余量，它是程序编辑技术人员与工艺制定技术人员协调加工工作和编制数控程序的重要依据之一。

（二）工序卡

数控加工工序卡与普通加工工序卡有许多相似之处，但也有不同，不同的是数控加工工序卡应反映使用的辅具、刀具切削参数、切削液等，它是操作技术人员配合数控程序进行数控加工的主要指导性工艺资料。工序卡应按已确定的工步顺序填写。

（三）数控加工进给路线图

在数控加工中，特别要防止刀具在运行中与夹具、零件等发生碰撞，为此必须设法在加工工艺文件中告诉操作技术人员关于程序的刀具路线图。

为了简化进给路线图，一般采用统一约定的符号表示，不同的机床可以采用不同的图例与格式。

（四）数控刀具调整单

数控刀具调整单主要包括数控刀具卡片与数控刀具明细表。

数控加工时，对刀具的要求十分严格，一般要在机外对刀仪上事先调整好刀具直径和长度。

数控刀具卡片主要反映刀具编号、刀具结构、尾柄规格、组合件名称代号、刀片型号和刀具材料等，它是安装刀具和调整刀具的合理依据。

数控刀具明细表是调刀人员调整刀具输入的主要依据。

（五）数控机床调整单

数控机床调整单是数控机床操作技术人员在加工前调整数控机床的依据。它主要包括数控机床控制面板开关调整单和数控加工零件安装、零点设定卡片。

（六）零件安装和零点设定卡片

数控加工零件安装和零点设定卡片标明了数控加工零件的定位与夹紧方法，以及零件零点设定的位置和坐标方向，还有使用夹具的名称和编号等。

（七）数控加工程序单

数控加工程序单是编程技术人员根据零件工艺分析情况，经过数值计算，按照机床设备特点的指令代码编制的。因此，对加工程序进行详细说明是必要的，特别是某些需要长期保存和使用的程序。根据实践，其说明内容一般有：

1. 数控加工工艺过程；

2. 工艺参数；

3. 位移数据的清单及手动输入（MDI）和制备控制介质；

4. 对程序中编入的子程序应说明其内容；

5. 其他需要特殊说明的问题。

第四章 数控车床加工工艺与编程

第一节 数控车床概述

数控车床是数字程序控制车床的简称，它集通用性好的万能型车床、加工精度高的精密型车床和加工效率高的专用型普通车床的特点于一身，是国内使用量最大、覆盖面最广的一种数控机床，约占数控机床总数的 25%（不包括技术改造而成的车床）。

一、数控车床的结构

数控车床主要由数控系统和机床主体组成，数控系统由数控面板、数控柜、控制电源、伺服控制器和主轴编码器等组成。机床本体包括床身、主轴、电动回转刀架等部分。与普通车床相比，除具有数控系统外，数控车床的结构还具有以下一些特点：

1. 运动传动链短。车床上沿纵、横两个坐标轴方向的运动是通过伺服系统完成的，传动过程为驱动电动机—进给丝杠—床鞍及中滑板，免去了原来的主轴电动机—主轴箱—挂轮箱—进给箱—溜板箱—床鞍及中滑板的冗长传动过程。

2. 总体结构刚性好，抗震性好。数控车床的总体结构主要指机械结构，如床身、拖板、刀架等部件。机械结构的刚性好，才能与数控系统的高精度控制功能相匹配；否则，数控系统的优势将难以发挥。

3. 运动副的耐磨性好，摩擦损失小，润滑条件好。要实现高精度的加工，各运动部件在频繁的运行过程中，必须动作灵敏，低速运行时无爬行。因此，对其移动副和螺旋副的结构、材料等方面均有较高要求，并多采用油雾自动润滑形式润滑。

4. 冷却效果好于普通车床。

5. 配有自动排屑装置。

6. 装有半封闭式或全封闭式的防护装置。

二、数控车床的分类

数控车床品种繁多，规格不一。数控车床的分类方法较多，但通常都以和普通车床相似的方法进行分类。

（一）按车床主轴位置分类

1. 立式数控车床

立式数控车床简称数控立车，其车床主轴垂直于水平面上一个直径很大的圆形工作台，用来装夹工件。这类机床主要用于加工径向尺寸大、轴向尺寸相对较小的大型复杂零件。

2. 卧式数控车床

卧式数控车床又分为数控水平导轨卧式车床和数控倾斜导轨卧式车床，其倾斜导轨结构可以使车床具有更大的刚性，并易于排除切屑。

（二）按加工零件的基本类型分类

1. 卡盘式数控车床

卡盘式数控车床没有尾座，适合车削盘类（含短轴类）零件。夹紧方式多为电动或液动控制，卡盘结构大多具有可调卡爪或不淬火卡爪（即软卡爪）。

2. 顶尖式数控车床

顶尖式数控车床配有普通尾座或数控尾座，适合车削较长的零件及直径不太大的盘和套类零件。

（三）按刀架数量分类

1. 单刀架数控车床

单刀架数控车床一般都配置有各种形式的单刀架，如四工位卧式回转刀架或多工位转塔式自动转位刀架。

2. 双刀架数控车床

双刀架数控车床的双刀架的配置（即移动导轨分布）可以是平行分布，也可以是相互垂直分布及同轨结构。

（四）按数控功能分类

1. 经济型数控车床

经济型数控车床是采用步进电动机和单片机对普通车床的进给系统进行改造后形成的数控车床。其成本较低，但自动化程度和功能都比较差，车削加工精度也不高，适用于要求不高的回转类零件的车削加工。

2. 普通数控车床

普通数控车床是根据车削加工要求，在结构上进行专门设计并配备通用数控系统而形成的数控车床。其数控系统功能强，自动化程度和加工精度也比较高，适用于一般回转类零件的车削加工。这种数控车床可同时控制两个坐标轴，即 X 轴和 Z 轴。

3. 车削加工中心

车削加工中心是在普通数控车床的基础上增加了 C 轴和动力头的更高级的数控车床，带有刀库，可控制 X、Z 和 C 三个坐标轴，联动控制轴可以是（X，Z）、（X，C）或（Z，C）。它有立式和卧式两类。车削中心的主要特点是具有先进的动力刀具功能，即在自动转位刀架的某个刀位或所有刀位上，可使用多种旋转刀具，如铣刀、钻头等。这样，即可对车削工件的某些部位进行钻、铣削加工，如铣削端面槽、多棱柱及螺纹槽等。

（五）按数控车床的布局分类

数控车床床身导轨与水平面的相对位置有四种布局形式：平床身式、斜床身式、平床身斜滑板式和立床身式。

水平床身式的工艺性好，便于导轨面的加工。水平床身配上水平放置的刀架可提高刀架的运动精度，一般可用于大型数控车床或小型精密数控车床的布局。但是水平床身由于下部空间小，故排屑困难。从结构尺寸上看，刀架水平放置使得滑板横向尺寸较长，从而加大了机床宽度方向的结构尺寸。

水平床身配置倾斜放置的滑板，并配置倾斜式导轨防护罩，采用这种布局形式一方面是因为水平床身工艺性好的特点；另一方面是因为机床宽度方向的尺寸比水平配置滑板的要小，且排屑方便。水平床身配上倾斜放置的滑板和斜床身配置斜滑板的布局形式被中、小型数控车床普遍采用。这两种布局形式的特点是排屑容易，热铁屑不会堆积在导轨上，也便于安装自动排屑器；操作方便，易于安装机械手以实现单机自动化；机床占地面积小，外形简单、美观，容易实现封闭式防护。

斜床身其导轨倾斜的角度分别为 30、45、60、75 和 90°。90° 的称为立式床身，若倾斜角度小，则排屑不便；若倾斜角度大，则导轨的导向性差，受力情况也差。导轨倾斜角度的大小还会直接影响机床外形尺寸高度与宽度的比例。综合考虑上面的因素，中小规格数控车床的床身倾斜度以 60° 为宜。

（六）其他分类方法

按数控车床的不同控制方式，数控车床可以分为很多种类，如直线控制数控车床、两主轴控制数控车床等；按特殊或专门工艺性能，可分为螺纹数控车床、活塞数控车床、曲轴数控车床等多种。

第二节　数控车床的加工工艺

数控车床与普通车床一样，主要用于加工轴类、盘类等回转体零件。在数控车床中通过数控加工程序的运行，则可自动完成内外圆柱面、圆锥面、成型表面、螺纹、端面等工序的切削加工，还可以进行车槽、钻孔、扩孔、铰孔等工作。车削加工中心可在一次装夹中完成更多的加工工序，提高了加工精度和生产效率，特别适合于复杂形状回转类零件的加工。车铣复合加工中心的功能更是得到进一步的完善，能完成形状更复杂的回转类零件的加工。

一、数控车床加工的主要零件对象

数控车削是数控加工中最常见的加工方法之一。由于数控车床在加工中能实现坐标轴的联动插补，使形成的直线和圆弧等零件的轮廓准确，加工精度高，同时能实现主轴旋转和进给运动的自动变速，因此数控车床比普通车床的加工范围宽得多。针对数控车床的特点，以下几种零件最适合数控车削加工：

（一）表面形状复杂的回转体零件

数控车床具有直线和圆弧插补功能，可以车削由任意直线和曲线组成的形状复杂的回转体零件。特别是内腔复杂的零件，在普通车床上很难加工，但在数控车床上则很容易加工出来。只要组成零件轮廓的曲线能用数学表达式表述或列表表达，都可以加工。对于非圆曲线组成的轮廓，应先用直线或圆弧去逼近，然后再用直线或圆弧插补功能进行插补切削。

（二）精度要求高的回转体零件

由于数控车床刚性好、加工精度高、对刀准确，还可以精确实现人工补偿和自动补偿，所以数控车床能加工尺寸精度要求高的零件。使用切削性能好的刀具，在有些场合可以进行以车代磨的加工，如轴承内环的加工、回转类模具内外表面的加工等。此外，数控车床加工零件，一般情况下是一次装夹就可以完成零件的全部加工，所以，很容易保证零件的形状和位置精度，加工精度高。

（三）表面粗糙度要求高的回转体零件

数控车床具有恒线速切削功能。在材质、加工余量和刀具已确定的条件下，表面粗糙度取决于进给量和切削速度。在加工零件的锥面和端面时，数控车床切削的表面粗糙度小且一致，这是普通车床无法实现的。通过改变进给量，可以在数控车床上加工表面粗糙度要求不同的零件，即粗糙度值要求大的部位可选用大的进给量，粗糙度值要求小的部位可选用较小的进给量。

（四）带特殊螺纹的回转体零件

普通车床能车削的螺纹种类很有限，只能车削等导程的圆柱面和圆锥面的公制、英制内外表面螺纹，而且螺纹的导程种类有限。而数控车床可以加工各种类型的螺纹，且加工精度高，表面粗糙度值小。

（五）超精密、超低表面粗糙度值的零件

磁盘、录像机磁头、激光打印机的多面反射体、复印机的回转鼓、照相机等光学设备的透镜等零件，要求超高的轮廓精度和超低的表面粗糙度值，它们适合在高精度、高性能的数控车床上加工。数控车床超精加工的轮廓精度可达到 0.1 μm，表面粗糙度可达 $Ra0.02$ μm，超精加工所用数控系统的最小分辨率应达到 0.01 μm。

二、数控车床刀具

数控车床加工工件时，刀具直接担负着对工件的切削加工。刀具的耐用度和使用寿命直接影响着工件的加工精度、表面质量和加工成本。合理选用刀具材料不仅可以提高刀具切削加工的精度和效率，而且也是对难加工材料进行切削加工的关键措施。

（一）数控车床常用刀具

数控车床主要用于回转表面的加工，如内外圆柱面、圆锥面、圆弧面、螺纹等切削加工。

数控车床常用刀具一般分为尖形车刀、圆弧形车刀及成型车刀三类。

1.尖形车刀

尖形车刀是以直线形切削刃为特征的车刀。车刀的刀尖由直线形的主、副切削刃构成，如90°内外圆车刀、左右端面车刀、车槽（切断）车刀及刀尖倒棱很小的各种外圆和内孔车刀。

尖形车刀几何参数（主要是几何角度）的选择方法与普通车削时的基本相同，但应结合数控加工的特点（如加工路线、加工干涉等）进行全面的考虑，并应兼顾刀尖本身的强度。用这类车刀加工零件时，其零件的轮廓形状主要由一个独立的刀尖或一条直线形主切削刃位移后得到，它与另两类车刀加工时所得到零件轮廓形状的原理是截然不同的。

2.圆弧形车刀

圆弧形车刀是较为特殊的数控加工用车刀，其特征如下：构成主切削刃的刀刃形状为一圆度误差或轮廓误差很小的圆弧；该圆弧上的每一点都是圆弧形车刀的刀尖，因此，刀位点不在圆弧上，而在该圆弧的圆心上；车刀圆弧半径理论上与被加工零件的形状无关，并可按需要灵活确定或经测定后确定。

圆弧形车刀可以用于车削内外表面，特别适合于车削各种光滑连接（凹形）的成形面。

选择车刀圆弧半径时应考虑以下两点：一是车刀切削刃的圆弧半径应小于或等于零件凹形轮廓上的最小曲率半径，以免发生加工干涉；二是车刀圆弧半径不宜选择太小，否则，不但制造困难，还会因刀尖强度太弱或刀体散热能力差而导致车刀损坏。当某些尖形车刀或成型车刀（如螺纹车刀）的刀尖具有一定的圆弧形状时，也可作为这类车刀使用。

3.成型车刀

成型车刀俗称样板车刀，其加工零件的轮廓形状完全由车刀刀刃的形状和尺寸决定。数控车削加工中，常见的成型车刀有小半径圆弧车刀、非矩形车槽刀和螺纹车刀等。在数控加工中，应尽量少用或不用成型车刀，当确有必要选用时，应在工艺文件或加工程序单上进行详细说明。

（二）机夹可转位车刀

车刀从结构上分为四种形式，即整体式、焊接式、机夹式、可转位式，其结构类型特点及适用场合见表4-1。

表4-1 车刀的结构类型特点及适用场合

名称	特点	适用场合
整体式	用整体高速钢制造，刃口可磨得较锋利	小型车床或加工非铁金属
焊接式	焊接硬质合金或高速钢刀片，结构紧凑，使用灵活	各类车刀，特别是小刀具
机夹式	避免了焊接产生的应力、裂纹等缺陷，刀杆利用率高；刀片可集中刃磨获得所需参数，使用灵活方便	外圆、端面、镗孔、切断、螺纹车刀
可转位式	避免了焊接刀的缺点，刀片可快换转位；生产率高；断屑稳定；可使用涂层刀片	大中型车床加工外圆、端面及镗孔，特别适用于自动线、数控机床

目前数控车床用刀具的主流是可转位式刀的机夹式刀具。下面对可转位式刀具做进一步介绍。

1. 数控车床可转位式刀具特点

数控车床所采用的可转位式刀具，其几何参数是通过刀片结构形状和刀体上刀片槽座的方位安装组合形成的，与通用车床相比一般无本质的区别，其基本结构、功能特点是相同的。但数控车床的加工工序是自动完成的，因此对可转位式刀具的要求又有别于通用车床所使用的刀具，具体要求和特点如表 4-2 所示。

表 4-2　可转位式刀具的要求和特点

要求	特　点	目　的
精度高	采用 M 级或更高精度等级的刀片； 多采用精密级的刀杆； 用带微调装置的刀杆在机外预调好	保证刀片重复定位精度，方便坐标设定，保证刀尖位置精度
可靠性高	采用断屑可靠性高的断屑槽形，或有断屑台和断屑器的车刀； 采用结构可靠的车刀，或复合式夹紧结构和夹紧可靠的其他结构	断屑稳定，不能有紊乱和带状切屑；适应刀架快速移动和换位，以及整个自动切削过程中夹紧不得有松动的要求
换刀迅速	采用车削工具系统； 采用快换小刀夹	迅速更换不同形式的切削部件，完成多种切削加工，提高生产效率
刀片材料	刀片较多采用涂层刀片	满足生产节拍要求，提高加工效率
刀杆截形	刀杆较多采用正方形刀杆，但因刀架系统结构差异大，有的须采用专用刀杆	刀杆与刀架系统匹配

2. 可转位式车刀的种类

可转位式车刀按其用途可分为外圆车刀、仿形车刀、端面车刀、内圆车刀、切槽车刀、切断车刀和螺纹车刀等，如表 4-3 所示。

表 4-3　可转位式车刀的种类

类　型	主偏角	适用机床
外圆车刀	45°、50°、60°、5°、90°	普通车床和数控车床
仿形车刀	93°、107.5°	仿形车床和数控车床
端面车刀	45°、75°、90°	普通车床和数控车床
内圆车刀	45°、60°、75°、90°、91°、93°、95°、107.5°	普通车床和数控车床
切断车刀	—	普通车床和数控车床
螺纹车刀	—	普通车床和数控车床
切槽车刀	—	普通车床和数控车床

3.可转位式车刀的结构形式

①杠杆式：由杠杆、螺钉、刀垫、刀垫销、刀片等所组成。这种方式依靠螺钉旋紧压靠杠杆，由杠杆的力压紧刀片达到夹固的目的。其特点适合各种正、负前角的刀片，有效前角的变化为 -6 ～ +18°；切屑可无阻碍地流过，切削热不影响螺孔和杠杆；两面槽壁给刀片有力的支撑，并确保转位精度。

②楔块式：由紧定螺钉、刀垫、销、楔块、刀片等所组成。这种方式依靠销与楔块的挤压力将刀片紧固。其特点适合各种负前角刀片，有效前角的变化为 -6 ～ +18°；两面无槽壁，便于仿形切削或倒转操作时留有间隙。

③楔块夹紧式：由紧定螺钉、刀垫、销、压紧楔块、刀片等所组成。这种方式依靠销与楔块的下压力将刀片夹紧。其特点同楔块式，但切屑流畅程度不如楔块式。此外，可转位式车刀的结构还有螺栓上压式、压孔式等形式。

数控车床上应尽量使用系列化和标准化刀具。刀具使用前应进行严格的测量以获得精确资料，并由操作者将这些数据输入数控系统，经程序调用而完成加工过程。根据零件材质、硬度、毛坯余量、工件的尺寸精度和表面粗糙度及机床的自动化程度等来选择刀片的几何结构、进给量、切削速度和刀片牌号。另外，粗车时为了满足大吃刀量、大进给量的要求，要选择高强度、高耐用度的刀具；精车时要选择精度高、耐用度好的刀具，以保证加工精度的要求。

三、数控车床夹具

车床的夹具主要是指安装在车床主轴上的夹具，这类夹具和机床主轴相连接并带动工件一起随主轴旋转。数控车床的夹具基本上与普通车床的相同，数控车床类夹具主要分成以下两大类：

①各种卡盘，适用于盘类零件和短轴类零件加工的夹具。

②中心孔、顶尖定心定位安装工件的夹具，适用于长度尺寸较大或加工工序较多的轴类零件。

数控车削加工要求夹具应具有较高的定位精度和刚度，且结构简单、通用性强，便于在车床上安装，能迅速装卸工件及具有自动化等特性。

工件在定位和夹紧时，应注意以下三点：

①力求设计基准、工艺基准与编程原点统一，以减小基准不重合误差和减少数控编程中的计算工作量。

②设法减少装夹次数，一次定位装夹后尽可能加工出工件的所有加工面，这样可提高加工表面之间的位置精度。

③避免采用人工占机调整方案，减少占机时间。

（一）各种卡盘夹具

在数控车床加工中，大多数情况是使用工件或毛坯的外圆面定位，以下几种夹具就是靠圆周面来定位的夹具：

1. 三爪自定心卡盘

三爪自定心卡盘是最常用的车床通用卡具，三爪自定心卡盘最大的优点是可以自动定心，夹持范围大，装夹速度快，但定心精度存在误差，不适于同轴度要求高的工件的二次装夹。

为了防止车削时因工件变形和振动而影响加工质量，工件在三爪自定心卡盘中装夹时，其悬伸长度不宜过长，例如，若工件直径不大于 30 mm，则其悬伸长度不应大于直径的 3 倍；若工件直径大于 30 mm，则其悬伸长度不应大于直径的 4 倍，同时也可避免工件被车刀顶弯、顶落而造成打刀事故。

CNC 车床两种常用的标准卡盘卡爪：硬卡爪和软卡爪。

当卡爪夹持在未加工表面上，如铸件或粗糙棒料表面，需要大的夹紧力时，使用硬卡爪；通常为保证刚度和耐磨性，硬卡爪要进行热处理以提高硬度。

当需要减小两个或多个零件径向跳动偏差，以及在已加工表面不希望有夹痕时，则应使用软卡爪。软卡爪通常用低碳钢来制造。

软卡爪装夹的最大特点是工件虽经多次装夹仍能保持一定的位置精度，大大缩短了工件的装夹校正时间。在每次装卸零件时，应注意固定使用同一扳手方孔，夹紧力也要均匀一致，改用其他扳手方孔或改变夹紧力的大小，都会改变长盘平面螺纹的移动量，从而影响装夹后的定位精度。

三爪卡盘常见的有机械式和液压式两种。液压卡盘的特点为动作灵敏、装夹迅速且方便，能实现较大压紧力，能提高生产率和减轻劳动强度，但夹持范围变化小、尺寸变化大时，须重新调整卡爪位置。自动化程度高的数控车床经常使用液压自定心卡盘，尤其适用于批量加工。

液压自定心卡盘夹紧力的大小由调整液压系统的油压进行控制，适应于棒料、盘类零件和薄壁套筒零件的装夹。

2. 四爪卡盘

四爪卡盘的四个爪通过四个螺杆独立移动。它的特点是能装夹形状比较复杂的非回转体零件，如方形、长方形等零件，而且夹紧力大。由于其装夹后不能自动定心，所以装夹效率较低，装夹时必须用划线盘或百分表找正，使工件回转中心与车床主轴中心对齐。

四爪卡盘比其他类型的卡盘需要用更多的时间来夹紧和对正零件。因此，对提高生产效率来说至关重要的 CNC 车床上很少使用这种卡盘。四爪卡盘一般用于定位、夹紧不同心或结构对称的零件表面。用四爪卡盘、花盘、角铁（弯板）等装夹不规则的偏重工件时，必须加配重。

3. 高速动力卡盘

为了提高数控车床的生产效率，对其主轴提出越来越高的要求，以实现高速，甚至超高速切削。现在有的数控车床的切削速度甚至达到 100 000 r/min。对于这样高的转速，一般的卡盘已不适用，必须采用高速动力卡盘才能保证安全、可靠地进行加工。

随着卡盘转速的提高，由卡爪、滑座和紧固螺钉组成的卡爪组件离心力急剧增大，卡爪对零件的夹紧力下降。试验表明 5380 mm 的楔式动力卡盘在机床转速为 2000 r/min 状态下，动态夹紧力只有静态夹紧力的 1/4。

高速动力卡盘上常须设离心力补偿装置，利用补偿装置的离心力抵消卡爪组件离心力造成的夹紧力损失。另一个方法是减轻卡爪组件质量以减小离心力。

（二）轴类零件中心孔定心装夹

1. 用顶尖装夹工件

对同轴度要求比较高且需要掉头加工的轴类工件，常用双顶尖装夹工件，其前顶尖为普通顶尖，装在主轴孔内，并随主轴一起转动，后顶尖为活顶尖，装在尾架套筒内。工件利用中心孔被顶在前、后顶尖之间，并通过拨盘和卡箍随主轴一起转动。

用顶尖装夹工件时应注意以下四点：

①卡箍上的支承螺钉不能支承得太紧，以防工件变形。

②由于靠卡箍传递扭矩，所以车削工件的切削用量要小。

③钻两端中心孔时，要先用车刀把端面车平，再用中心钻钻中心孔。

④安装拨盘和工件时，首先要擦净拨盘的内螺纹和主轴端的外螺纹，把拨盘拧在主轴上，再把轴的一端装在卡箍上，最后在双顶尖中间安装工件。

2. 用心轴安装工件

当以内孔为定位基准，并要保证外圆轴线和内孔轴线的同轴度要求时，可用心轴定位，一般工件常用圆柱心轴和锥度心轴定位；带有锥孔、螺纹孔、花键孔的工件，常用相应的锥度心轴、螺纹心轴和花键心轴定位。

圆柱心轴是以外圆柱面定心、端面压紧来装夹工件的。心轴与工件孔一般用 H7/h6、H7/g6 的间隙配合，所以工件能很方便地套在心轴上。但由于配合间隙较大，一般只能保证同轴度 0.02 mm 左右。为了消除间隙，提高心轴定位精度，心轴可以做成锥体，但锥体的锥度要很小；否则，工件在心轴上会产生歪斜。常用的锥度为 C=1/5000 ~ 1/1000。定位时，工件搂紧在心轴上，搂紧后孔会产生弹性变形，使工件不致倾斜。

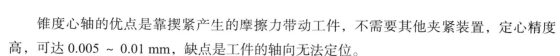

锥度心轴的优点是靠揳紧产生的摩擦力带动工件，不需要其他夹紧装置，定心精度高，可达 0.005 ~ 0.01 mm，缺点是工件的轴向无法定位。

当工件直径不太大时，可采用锥度心轴（锥度 1 ：2000 ~ 1 ：1000）。工件套入心轴压紧，靠摩擦力与心轴紧固。锥度心轴对中准确、加工精度高、装卸方便，但不能承受过大的力矩。当工件直径较大时，则应采用带有压紧螺母的圆柱形心轴。它的夹紧力较大，但对中精度较锥度心轴的低。

3. 中心架和跟刀架的使用

当工件长度与直径之比大于 25（L/d > 25）时，由于工件本身的刚度变小，在车削时，工件受切削力、自重和旋转时离心力的作用，会产生弯曲、振动，严重影响其圆柱度和表面粗糙度；同时，在切削过程中，工件受热伸长产生弯曲变形，使车削很难进行，严重时工件会在顶尖间卡住。此时需要用中心架或跟刀架来支承工件。

（1）用中心架支承车削细长轴

一般在车削细长轴时，用中心架来增加工件的刚度，当工件可以进行分段切削时，中心架支承在工件中间。在工件装上中心架之前，必须在毛坯中部车出一段用于支承中心架支承爪的沟槽，其表面粗糙度及圆柱误差要小，并在支承爪与工件接触处要经常加润滑油。为提高工件精度，车削前应将工件轴线调整到与机床主轴回转中心线同轴。当车削支承中心架的沟槽比较困难或车削一些中段不需要加工的细长轴时，可用过渡套筒，使支承爪与过渡套筒的外表面接触，过渡套筒的两端各装有四个螺钉，用这些螺钉夹住毛坯表面，并调整套筒外圆的轴线与主轴旋转轴线相重合。

（2）用跟刀架支承车削细长轴

对不适宜掉头车削的细长轴，不能用中心架支承，而要用跟刀架支承进行车削，以增加工件的刚度。跟刀架固定在床鞍上，一般有两个支承爪，它可以跟随车刀移动，抵消径向切削力，提高车削细长轴的形状精度和减小表面粗糙度。因为车刀给工件的切削抗力 F_r，使工件贴在跟刀架的两个支承爪上，但由于工件本身的向下重力，以及偶然的弯曲，车削时工件会瞬时离开支承爪，接触支承爪时会产生振动。所以比较理想的跟刀架为三爪跟刀架。此时，由三爪和车刀抵住工件，使之上下、左右都不能移动，车削时稳定，不易产生振动。

（三）用花盘、弯板及压板、螺栓安装工件

对形状不规则的工件，无法使用三爪或四爪卡盘装夹，可用花盘装夹。花盘是安装在车床主轴上的一个大圆盘，盘面上的许多长槽用于放置螺栓，工件可用螺栓直接安装在花盘上。也可以把辅助支承角铁（弯板）用螺钉牢固夹持在花盘上，工件则安装在弯板上。加工一轴承座端面和内孔时，在花盘上用弯板安装零件。为了防止转动时因重心偏向一边

而产生振动，在工件的另一边要加平衡铁。工件在花盘上的位置须仔细找正。

四、数控车床的加工工艺分析

（一）数控车削加工零件的工艺性分析

1.零件图分析

（1）尺寸标注方法分析

以同一基准标注尺寸或直接给出坐标尺寸。

（2）轮廓几何要素分析

分析几何元素的给定条件是否充分。

（3）精度及技术要求分析

①分析精度及各项技术要求是否齐全、是否合理。

②分析本工序的数控车削加工精度能否达到图样要求，若达不到，需采取其他措施（如磨削）弥补的话，则应给后续工序留有余量。

③找出图样上有位置精度要求的表面，这些表面应在一次安装下完成加工。

④对表面粗糙度要求较高的表面，应采用恒线速切削加工。

2.结构工艺性分析

零件的结构工艺性是指零件对加工方法的适应性，即所设计的零件结构应便于加工成形。

3.零件安装方式的选择

（1）力求设计、工艺与编程计算的基准统一。

（2）尽量减少装夹次数。

（二）数控车削加工零件工艺路线的拟定

1.加工方法的选择

应根据零件的加工精度、表面粗糙度、材料、结构形状、尺寸及生产类型等因素，选用相应的加工方法和加工方案。

2.加工工序划分

数控车床加工工序设计的主要任务：确定工序的具体加工内容、切削用量、工艺装备、定位和安装方式及刀具运动轨迹，为编制程序做好准备。

3.加工路线的确定

加工路线是刀具在切削加工过程中刀位点相对于工件的运动轨迹，它不仅包括加工工序的内容，也反映加工顺序的安排，因而加工路线是编写加工程序的重要依据。

确定加工路线的原则如下：

①加工路线应保证被加工工件的精度和表面粗糙度。

②设计加工路线要减少空行程时间，提高加工效率。

③简化数值计算和减少程序段，降低编程工作量。

④根据工件的形状、刚度、加工余量、机床系统的刚度等情况，确定循环加工次数。

⑤合理设计刀具的切入与切出方向。采用单向趋近定位方法，避免传动系统反向间隙产生的定位误差。

4. 车削加工顺序的安排

车削加工一般遵循如下顺序：

①先粗后精。

②先近后远：离对刀点近的部位先加工，离对刀点远的部位后加工。

③内外交叉加工。

④基面先行原则。

（三）典型零件数控车削的加工工艺

1. 轴套类零件加工工艺

轴套类典型零件是阶梯轴。阶梯轴的车削分低台阶车削和高台阶车削两种方法。

（1）低台阶车削相邻两圆柱体直径差较小，可用车刀一次切出，其加工路线为 A→B→C→D→E。

（2）高台阶车削相邻两圆柱体直径差较大，采用分层切削，粗加工路线为 A1→B1、A2→B2、A3→B3，精加工路线为 A→B→C→D→E。

2. 成形面类零件加工工艺

具有曲线轮廓的旋转体表面称为成形面，又称特形面。

成形面一般由一段或多段圆弧组成，按其圆弧的形状可分为凸圆弧和凹圆弧。在普通车床上加工成形面，一般要使用成形刀或靠操作者用双手同时操作来完成，在数控车床上则通过程序控制圆弧插补指令进行加工。

成形面加工一般分为粗加工和精加工。

圆弧的粗加工与一般外圆面、锥面的加工不同，曲线加工的切削用量不均匀，背吃刀量过大，容易损坏刀具，要考虑加工路线和切削方法。其总体原则是在保证背吃刀量尽可能均匀的情况下，减少走刀次数及空行程。

（1）粗加工凸圆弧表面

圆弧表面为凸表面时，通常有两种加工方法：车锥法（斜线法）和车圆法（同心圆法）。

①车锥法。车锥法即用车圆锥的方法切除圆弧毛坯余量。加工路线不能超过 A、B 两

点的连线；否则，会伤到圆弧的表面。车锥法一般适用于圆心角小于 90°。

采用车锥法须计算 A、B 两点的坐标值，方法如下：

$CD = \sqrt{2}R$；

$CF = \sqrt{2}R - R = 0.414R$；

$AC = BC = \sqrt{2}CF = 0.586R$；

A 点坐标（R-0.586R，0）；

B 点坐标（R，-0.586R）。

②车圆法。车圆法即采用不同的半径来切除毛坯余量，最终将所需圆弧车出来。此方法的车刀空行程时间较长。车圆法适用于圆心角大于 90° 的圆弧粗车。

（2）粗加工凹圆弧表面

当圆弧表面为凹表面时，其加工方法有等径圆弧形式（等径不同心）、同心圆弧形式（同心不等径）、梯形形式和三角形形式等方法。其各自的特点见表 4-5。

表 4-5　各种形式加工特点比较

形　式	特　点
等径圆弧形式	计算和编程最简单，但走刀路线较其他几种方式长
同心圆弧形式	走刀路线短，且精车余量最均匀
梯形形式	切削力分布合理，切削率最高
三角形形式	走刀路线较同心圆弧形式长，但比梯形、等径圆弧形式短

第三节　数控车床编程基础

一、数控车床的编程特点

（一）绝对编程和相对编程

在数控编程时，刀具位置的坐标通常有两种表示方式：一种是绝对坐标，另一种是增量（相对）坐标。数控车床编程时，在一个程序段中，根据图样上标注的尺寸，可以采用绝对值编程或增量值编程，也可以采用混合编程。

1.绝对坐标系

所有坐标点的坐标值均从编程原点开始计算的坐标系，称为绝对坐标系，用 X、Z 表示。

2. 增量坐标系

坐标系中的坐标值是相对刀具前一位置（或起点）来计算的，称为增量（相对）坐标系。

增量坐标常用 U、W 表示，与 X、Z 轴平行且同向。

如果刀具沿着直线分别用绝对值编程和增量编程：

绝对编程：G01 X100.0 Z50.0；

相对编程：G01 U60.0 W-100.0；

混合编程：G01 X100.0 W-100.0，或者 G01 U60.0 Z50.0；

（二）直径编程和半径编程

数控车床编程时，由于所加工的回转体零件的截面为圆形，所以其径向尺寸就有直径和半径两种表示方法，采用哪种方法可由系统的参数设置决定或由程序指令指定。

1. 直径编程

在绝对坐标方式编程中，X 值为零件的直径值；在增量坐标方式编程中，X 为刀具径向实际位移量的 2 倍。由于零件在图样上的标注及测量多为直径表示，所以大多数数控车削系统采用直径编程。

2. 半径编程

半径编程，即 X 值为零件的半径值或刀具实际位移量。

以 FANUC 为例，直径编程采用 G23，半径编程用 G22 指令指定。而华中数控系统则用 G36 指定直径编程，G37 指定半径编程。

二、数控车床编程的基本指令

（一）英制和公制单位指令 G20、G21

工程图纸中的尺寸标注有公制和英制两种形式，数控系统可根据所设定的状态，利用代码把所有的几何值转换为公制尺寸或英制尺寸。

格式：G20（G21）

说明：

1. G20 表示英制输入，G21 表示公制（米制）输入。G20 和 G21 是两个可以相互取代的代码，但不能在一个程序中同时使用 G20 和 G21。

2. 机床通电后默认的状态为 G21 状态。

3. 公制与英制单位的换算关系为：

1 mm ≈ 0.0394 in.

1 in. ≈ 25.4 mm

（二）主轴功能指令 S 和主轴转速控制指令 G96、G97、G50

S 指令由地址码 S 和后面的若干数字组成。

说明：

1. S 控制主轴转速，其后的数值表示主轴速度，单位由 G96、G97 决定，但不能启动主轴，属于模态代码。

2. G96 S__ 表示主轴恒线速度切削，S 指定切削线速度，其后的数值单位为米 / 分钟（m/min）。常与 G50 S__ 连用，以限制主轴的最高转速。G96 表示恒线速度有效，G97 表示取消恒线速度，属于模态指令。

3. G97 S__ 表示主轴恒转速切削，S 指定主轴转速，其后的数值单位为转 / 分钟（r/min）；范围 0 ~ 9999 r/min；属于模态指令，系统默认。

4. G96 常用于车削端面或工件直径变化较大的工件，G97 用于车削螺纹加工和轴径变化较小的轴类零件车削加工。

5. 主轴转速与切削速度的计算公式如下：

$$n = 1000v / \pi D \qquad\qquad 式（4-1）$$

式中，v——切削速度，m/min；

n——主轴转速，r/min；

D——工件或刀具直径，mm。

由此可知，当刀具逐渐靠近工件中心（工件直径越来越小）时，主轴转速会越来越高，此时工件有可能因卡盘调整压力不足而从卡盘中飞出。为防止这种事故，在建立 G96 指令之前，最好使用 G50 来限制主轴最高转速。

⑥ S 指令所编程的主轴转速可以借助机床控制面板上的主轴倍率开关进行修调。

G50 除有坐标系设定功能外，还有主轴最高转速设定功能。例如 G50 S2000，表示把主轴最高转速设定为 2000 r/min。用恒线速度控制进行切削加工时，为了防止出现事故，必须限定主轴转速。

例如：

G96S600；（主轴以 600 mm/min 的恒线速度旋转）

G50S1200；（主轴的最高转速为 1200 r/min）

G97S600；（主轴以 600 r/min 的转速旋转）

（三）进给功能指令 F、G99、G98

F 指令功能表示进给速度，它由地址码 F 和后面若干位数字构成。

说明：

1. F 指令表示工件被加工时刀具相对于工件的合成进给速度，其后的数值表示刀具进给速度，单位由 G99、G98 及 G32、G76、G92 决定。

2. G98 F——进给速度单位是每分钟进给量（mm/min）。

3. G99 F——进给速度单位是每转进给量（mm/r），系统默认。

4. G32/G76/G92 F——指定螺纹的螺距。

5. 借助于机床控制面板上的倍率按键，F 可在一定范围内进行修调，当执行螺纹切削循环 G76、G92 及螺纹切削 G32 时，倍率开关失效，进给倍率固定在 100%。

6. F 为续效指令，直到被新的 F 值所取代，而工作在 G00 方式下，快速定位的速度是各轴的最高速度，与 F 无关。

例如：

G98 F10；（车削进给速度为 10 mm/min）

G99 F0.2；（车削进给速度为 0.2 mm/r）

G32F5；（螺纹螺距为 5mm）

（四）刀具功能指令 T

FANUC 系统采用 T 指令选刀，由地址码 T 和四位数字组成。前两位是刀具号，后两位是刀具补偿号。执行 T 指令，转动转塔刀架，选用指定的刀具。

例如 T0101，前面的 01 表示调用第一号刀具，后面的 01 表示使用 1 号刀具补偿，至于刀具补偿的具体数值，应通过操作面板在 1 号刀具补偿位去查找和修改。如果后面两位数是 00，例如 T0300，表示调用第 3 号刀具，并取消刀具补偿。

（五）刀具快速定位（点定位）指令 G00

G00 指令使刀具以点定位控制方式从刀具当前所在点快速运动到下一个目标位置。它只是使刀具快速接近或快速离开工件，而无运动轨迹要求，且无切削加工过程。车削时，快速定位目标点不能选在工件上，一般要离开工件上表面 1 ~ 5 mm。

指令格式：G00 X（U）__Z（W）__；

其中，X、Z——目标点（刀具运动的终点）的绝对坐标；

U、W——目标点相对刀具移动起点的增量坐标。

说明：

1. G00 指令使刀具移动的速度是由机床系统设定的，无须在程序段中指定。

2. G00 指令使刀具移动的轨迹因系统不同而有所不同，从 A 到 B 常见的运动轨迹有直线 AB、直角线 ACB、ADB 或折线 AEBO，所以，使用 G00 指令时要注意刀具所走路线是否和零件或夹具发生碰撞。

（六）直线插补指令

1. 直线插补功能

数控机床的刀具（或工作台）沿各坐标轴的位移是以脉冲当量为单位的（mm/ 脉冲）。

刀具加工直线或圆弧时，数控系统按程序给定的起点和终点坐标值，在其间进行"数据点的密化"，求出一系列中间点的坐标值，然后依顺序按这些坐标轴的数值向各坐标轴驱动机构输出脉冲。数控装置进行的这种"数据点的密化"称为插补功能。

G01 是直线插补指令，执行该指令时，刀具以坐标轴联动的方式，从当前位置插补加工至目标点。移动路线为一直线。G01 指令为模态指令，主要用于完成端面、内圆、外圆、槽、倒角、圆锥面等表面的加工。

指令格式：G01 X（U）__Z（W）__F__;

其中：X、Z——目标点（刀具运动的终点）的绝对坐标；

U、W——目标点相对刀具移动起点的增量坐标；

F——刀具在切削路径上的进给量，根据切削要求确定，单位由 G98 或 G99 决定。

2. 倒角倒圆功能

在有些高级的数控机床上，G01 指令还可以实现倒直角和倒圆角的功能。

（1）45° 倒角

由轴向切削向端面切削倒角，即由 Z 轴向 X 轴倒角，i 的正负根据倒角是向 X 轴正向还是负向决定。

编程格式：G01 X（U）I ±i;

由端面切削向轴向切削倒角，即由 X 轴向 Z 轴倒角，k 的正负根据倒角是向 Z 轴正向还是负向决定。

编程格式：G01 Z（W）K ±k;

（2）任意角度倒角

在直线进给程序段尾部加上 C__，可自动插入任意角度的倒角。C 的数值是从假设没有倒角的拐角交点距倒角始点或终点之间的距离。

（3）倒圆角

编程格式：G01 X（U）R ±r，此时 Z 轴向 X 轴倒圆角。

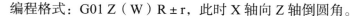

编程格式：G01 Z（W）R±r，此时 X 轴向 Z 轴倒圆角。

（4）倒任意半径圆角

在直线进给程序段尾部加上 R__，可自动插入任意半径的圆角。R 的数值是从假设没有圆角的拐角交点与起点、终点连线相切的圆弧半径。

（七）圆弧插补指令 G02、G03

1. 格式一

用圆弧半径 R 指定圆心位置，即

G02 X（U）__Z（W）__R__F__；

G03 X（U）__Z（W）__R__F__；

2. 格式二

用 I、K 指定圆心位置，即

G02 X（U）__Z（W）__I__K__F__；

G03 X（U）__Z（W）___I__K__F__；

其中，X、Z——圆弧终点的绝对坐标，直径编程时 X 为实际坐标值的 2 倍；

U、W——圆弧终点相对于圆弧起点的增量坐标；

R——圆弧半径；

I、K——圆心相对于圆弧起点的增量值，直径编程时 I 值为圆心相对于圆弧起点的增量值的 2 倍，当 I、K 与坐标轴方向相反时，I、K 为负值，圆心坐标在圆弧插补时不能省略；

（华中数控：I、K——圆心相对于圆弧起点的增量值，等于圆心的坐标减去圆弧起点的坐标，在直径、半径编程时，I 都是半径值。）

F——进给量，根据切削要求确定，单位由 G98 或 G99 决定。

说明：

1.G02 为顺圆插补，G03 为逆圆插补，用以在指定平面内按设定的进给速度沿圆弧轨迹切削。

2. 圆弧顺时针（或逆时针）旋转的判别方式如下：利用右手定则为工作坐标系加上 Y 轴，沿 Y 轴正向往负向看去，顺时针方向用 G02，反之用 G03。

3. 通常 X 轴的正方向是根据刀台所在位置进行判断，刀台位置与机床布局有关。刀台的位置可按前置刀架和后置刀架两种情况区分，即刀台在操作者同侧，或者刀台在操作者对面（上方）。

4.I、K 分别为平行于 X、Z 的轴，用来表示圆心的坐标，因 I、K 后面的数值为圆弧起点到圆心矢量的分量（圆心坐标减去起点坐标），故始终为增量值。

5. 当已知圆弧终点坐标和半径时，可以选取半径编程的方式插补圆弧，R 为圆弧半径，当圆心角小于 180° 时 R 为正，大于 180° 时 R 为负。

6. 指令 F 指定刀具切削圆弧的进给速度，若 F 指令缺省，则默认系统设置的进给速度或前序程序段中指定的速度。F 为被编程的两个轴的合成进给速度。

（八）暂停指令 G04

G04 可使刀具做短暂停留，以获得圆整而光滑的表面。如对不通孔做深度加工时，进到指定深度后，用 G04 可使刀具做非进给光整加工，然后退刀，保证孔底平整无毛刺。切沟槽时，在槽底让主轴空转几转再退刀，一般退刀槽都无须精加工，采用 G04，有利于使槽底加工得光滑，提高零件整体质量。该指令除用于钻孔、镗孔、切槽、自动加工螺纹外，还可用于拐角轨迹控制。

指令格式：G04 U（P）__

其中 U（P）表示刀具暂停的时间 m（ms）或主轴停转数。

说明：

1. G04 在前一程序段的进给速度降到零之后才开始暂停动作。

2. 使用 P 的形式输入时，不能用小数点，P 的单位是毫秒（ms）。

第四节　数控车削循环指令的编程

数控车削毛坯多为棒料，加工余量较大，须多次进给切除，车削循环指令编程通常是指用含 G 功能的一个程序段来完成本来需要用多个程序段指令的加工编程，从而使程序得以简化，节省编程时间。

一、简单车削循环指令

（一）外径、内径简单循环指令 G90

格式：G90 X（U）__Z（W）__F__；（加工内、外圆柱面）

G90 X（U）__Z（W）__R__F__；（加工圆锥面）

说明：

1. X（U）、Z（W）为外径、内径切削终点坐标，F 为切削进给量。

2. R 为圆锥半径差，R= 圆锥起点半径－圆锥终点半径。为保证刀具切削起点与工件间的安全间隙，刀具起点的 Z 向坐标值宜取 Z1 ~ Z5，而不是 Z0，因此，实际锥度的起点 Z 向坐标值与图样不吻合，所以应该算出锥面起点与终点处的实际的直径差，否则会导致锥度错误。

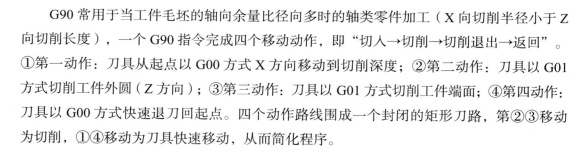

G90 常用于当工件毛坯的轴向余量比径向多时的轴类零件加工（X 向切削半径小于 Z 向切削长度），一个 G90 指令完成四个移动动作，即"切入→切削→切削退出→返回"。①第一动作：刀具从起点以 G00 方式 X 方向移动到切削深度；②第二动作：刀具以 G01 方式切削工件外圆（Z 方向）；③第三动作：刀具以 G01 方式切削工件端面；④第四动作：刀具以 G00 方式快速退刀回起点。四个动作路线围成一个封闭的矩形刀路，第②③移动为切削，①④移动为刀具快速移动，从而简化程序。

（二）端面简单循环指令 G94

格式：G94 X（U）__Z（W）__F__；（加工直端面）

G94 X（U）__Z（W）__R__F__；（加工圆锥端面）

说明：

1. X（U）、Z（W）为端面切削终点坐标，F 为切削进给量。

2. R 为圆锥半径差，R= 圆锥起点 Z 坐标－圆锥终点 Z 坐标。

G94 常用于当材料的径向余量比轴向余量多时（盘类）的零件加工（X 向切削半径大于 Z 向切削长度），一个 G94 指令同样要完成四个移动动作，即"切入→切削→切削退出→返回"。

二、复合车削循环指令

数控车床使用 G90、G94 等简单车削循环指令后，可使程序简化一些，但要完成一个粗车过程，还需要人工计算分配车削次数和吃刀量，再一段一段地用简单循环指令程序来实现，使用起来还是很麻烦。车削循环指令还有一类被称为复合型车削固定循环指令，能使程序进一步得到简化，使用这些复合型车削固定循环指令，只要编出最终精车路线，给出精车余量及每次下刀的背吃刀量等参数，机床即可自动完成从粗加工到精加工的多次循环切削过程，直到加工完毕，大大提高了加工效率。常用的复合车削循环指令：外径、内径粗加工循环指令 G71，端面粗车复合循环指令 G72，封闭车削复合循环指令 G73，精加工循环指令 G70 等。

使用复合型车削固定循环指令的优势有以下两点：

1. 提高了编程加工效率。复合型车削固定循环指令只要编入简短的几段程序，机床就可以实现固定顺序动作自动循环和多次重复循环切削，从而完成对零件的加工。复合型车削固定循环指令是零件手工编程自动化程度最高的一类指令。

2. 大大提高了零件加工的安全性。采用单一编程指令如 G00、G01、G02/03 进行编程加工时，程序量大，在加工过程中，类似程序正负号输错、数值输入出错等由于操作者的失误及粗心所引起的错误，很容易出现安全事故及造成产品报废。复合型车削固定循环指令规定了机床每次循环切削的进刀量和退刀量，程序量小且简洁，程序不容易出错，在加工过程中，我们只要观察零件加工的第一次循环就能大概判断出程序有无出错及对刀是否正确，在程序第一个循环正常加工完成之后，我们就可以放心地让其自动加工，而且加工的安全性很高。

（一）外径、内径粗加工循环指令 G71

G71 适用情况与 G90 相似，相当于自动完成多次 G90 功能的粗加工和一次半精加工。

格式：G71 U（Ad）R（△e）；

G71 P（ns）Q（nf）U（△u）W（△w）F__S__T__；

说明：

1. U——第一行的 U（△d）表示粗车时每次吃刀深度，R（△e）表示退刀量。

2. ns——精加工程序段中的第一个程序段序号。

3. nf——精加工程序段中的最后一个程序段序号。

4. △u——X 轴方向的精加工余量（0.2 ~ 0.5）。

5. △w——Z 轴方向的精加工余量（0.5 ~ 1）。

6. F、S、T——进给量、主轴转速、刀具号地址符。粗加工时 G71 中编程的 F、S、T 有效，而精加工时处于 ns 到 nf 程序段之间的 F、S、T 有效。

注意：

1. ns 的程序段第一条指令必须为 G00/G01 指令。

2. 在顺序号为 ns 到 nf 的程序段中，不应包含子程序。

3. ns → nf 程序段中的 F、S、T 功能，即使被指定也对粗车循环无效。

4. 零件轮廓必须符合 X 轴、Z 轴方向同时单调增大或单调减少。

5. G71 指令适用于外圆柱面（轴向）须多次走刀才能完成的粗加工。

（二）端面粗车复合循环指令 G72

G72 指令用于当直径方向的切除余量比轴向余量大时，其格式与 G71 相似，只是走刀路线不同及主切削刃的方向不同。

格式：G72U（△d）R（△e）；

G72P（ns）Q（nf）U（△u）W（△w）F__S__T__；

说明：

1. G71 与 G72 类似，不同之处就在于刀具路径是按径向方向循环的。

2. 各参数说明见 G71 指令。

3. G72 指令适于 Z 向余量小、X 向余量大的棒料粗加工。

（三）封闭（闭合）车削复合循环指令 G73

G73 指令可以按零件轮廓的形状重复车削，每次平移一个距离，直至加工到要求的形状。

格式：G73 U（i）W（k）R（d）；

G73 P（ns）Q（nf）U（△u）W（△w）F__S__T

说明：

1. 该指令能对铸造、锻造等粗加工已初步形成的工件，进行高效率切削。

2. i——X 方向总退刀量（i ≥ 毛坯 X 向最大加工余量）。

3. k——Z 方向总退刀量（可与 i 相等）。

4. d——粗切次数 [d=i/（1 ~ 2.5）]。

5. ns——精加工形状程序段中的开始程序段号。

6. nf——精加工形状程序段中的结束程序段号。

7. △u——X 轴方向精加工余量。

8. △w——Z 轴方向的精加工余量。

G73 指令与 G71 指令的主要区别在于 G71 及 G73 指令虽然均为粗加工循环指令，但 G71 指令主要用于加工棒料毛坯，G73 指令主要用于加工毛坯余量均匀的铸造、锻造成型工件。G71 和 G73 指令的选择原则主要看余量的大小及分布情况，G71 指令精加工轨迹必须符合 X 轴、Z 轴方向的共同单调增大或减小的模式，也就是说 G71 指令不能完成对产品的凸凹处加工，而 G73 指令能够进行这样的加工，G73 指令对 X 轴、Z 轴方向单调增大或减小无影响。

（四）精加工循环指令 G70

使用粗加工固定循环 G71、G72、G73 指令后，再使用 G70 指令进行精车，使工件达到所要求的尺寸精度和表面粗糙度。在 G70 指令程序段内要指令精加工程序第一个程序号和精加工最后一个程序段号。

格式：G70 P（ns）Q（nf）；

说明：

1. ns——精加工形状程序段中的开始程序段号。

2. nf——精加工形状程序段中的结束程序段号。

三、螺纹车削指令

螺纹加工是在圆柱上加工出特殊形状螺旋槽的过程，螺纹常见的用途是连接紧固、传递运动等。车削螺纹加工是在车床上，控制进给运动与主轴旋转同步，加工特殊形状螺旋槽的过程。螺纹形状主要由切削刀具的形状和安装位置决定，螺纹导程由刀具进给量决定。

CNC 编程加工最多的是普通螺纹，螺纹型为三角形，牙型角为 60°，普通螺纹分粗牙普通螺纹和细牙普通螺纹。粗牙普通螺纹的螺距是标准螺距，其代号用字母"M"及公称直径表示，如 M16、M12 等。细牙普通螺纹代号用字母"M"及公称直径 X 螺距表示，如 M24×1.5、M27×2 等。

一个螺纹的车削需要多次切削加工而成，每次切削逐渐增加螺纹深度，为实现多次切削的目的，机床主轴必须恒定转速旋转，且必须与进给运动保持同步，保证每次刀具切削开始位置相同，保证每次切削深度都在螺纹圆柱的同一位置上，最后一次走刀加工出适当的螺纹尺寸、形状、表面质量和公差，并得到合格的螺纹。

在编程时，每次螺纹加工走刀至少有 4 次基本运动（直螺纹）。

运动①：将刀具从起始位置 X 向快速（G00 方式）移动至螺纹计划切削深度处。

运动②：加工螺纹轴向螺纹加工（进给率等于螺距）。

运动③：刀具 X 向快速（G00 方式）退刀至螺纹加工区域外的 X 向位置。

运动④：快速（G00 方式）返回至起始位置。

螺纹切削应注意在两端设置足够的升速进刀段 δ_1 和降速退刀段 δ_2，δ_1 通常取 2 ~ 5 mm（大于螺距），δ_2 通常取 δ_1 /4，以剔除两端因变速而出现的非标准螺距的螺纹段。同理，在螺纹切削过程中，进给速度修调功能和进给暂停功能无效。若此时按进给暂停键，刀具将在螺纹段加工完后才停止运动。牙型较深、螺距较大时，可分数次进给，每次进给的背吃刀量用螺纹深度减去精加工背吃刀量所得之差按递减规律分配，常用米制螺纹切削的进给次数与背吃刀量见表 4-6。

表 4-6 常用米制螺纹切削的进给次数与背吃刀量（单位：mm）

螺距		1.0	1.5	2.0	2.5	3.0	3.5	4.0
牙深		0.649	0.974	1.299	1.624	1.949	2.273	2.598
背吃刀量及切削次数	第 1 次	0.7	0.8	0.9	1.0	1.2	1.5	1.5
	第 2 次	0.4	0.6	0.6	0.7	0.7	0.7	0.8
	第 3 次	0.2	0.4	0.6	0.6	0.6	0.6	0.6
	第 4 次		0.16	0.6	0.4	0.4	0.6	0.6
	第 5 次			0.1	0.4	0.4	0.4	0.4
	第 6 次				0.15	0.4	0.4	0.4
	第 7 次					0.2	0.2	0.4
	第 8 次						0.15	0.3
	第 9 次							0.2

（一）基本螺纹车削指令 G32

G32 是 FANUC 数控系统中最简单的螺纹加工代码，在螺纹加工运动期间，控制系统自动使进给率倍率无效。

格式：G32 X（U）__Z（W）__F__；

说明：

1. X（U）Z（W）——直线螺纹的终点坐标，如 U 不为 0，则加工的是锥螺纹。

2. F——直线螺纹的导程，如果是单线螺纹，则为直线螺纹的螺距。

（二）简单固定循环螺纹车削指令 G92

用 G32 编写螺纹多次分层切削程序是比较烦琐的，每一层切削需要多个程序段，多次分层切削程序中包含大量重复的信息。FANUC 系统可用 G92 指令的一个程序段代替每一层螺纹切削的多个程序段，可避免重复信息的书写，方便编程。

在 G92 程序段里，须给出每一层切削动作的相关参数，必须确定螺纹刀的循环起点位置和螺纹切削的终止点位置。

格式：G92 X（U）__Z（W）__R__F__；

说明：

1. X（U）、Z（W）——直线螺纹的终点坐标。

2. F——直线螺纹的导程，如果是单线螺纹，则为直线螺纹的螺距。

3. R——圆锥螺纹切削参数。R 值为零时，可省略不写，螺纹为圆柱螺纹。

G92 螺纹加工程序段在加工过程中的刀具运动轨迹如下：

刀具从循环起点开始，沿着箭头所指的路线行走，最后又回到循环起点。当用绝对编程方式时，X、Z 后的值为螺纹段切削终点的绝对坐标值；当用增量编程方式时，X、Z 后的值为螺纹段切削终点相对于循环起点的坐标增量。但无论用何种编程方式，R 后的值总为螺纹段切削起点（并非循环起点）与螺纹段切削终点的半径差。当 R 值为零省略时，即为圆柱螺纹车削循环。

（三）复合循环螺纹车削指令 G76

CNC 发展的早期，G92 单一螺纹加工循环方便了螺纹编程。随着计算机技术的迅速发展，CNC 系统提供了更多重要的新功能，这些新功能进一步简化了程序编写。螺纹复合加工循环 G76 是螺纹车削循环的新功能，它具有很多功能强大的内部特征。

使用 G32 的程序中，每刀螺纹加工需要 4 个甚至 5 个程序段；使用 G92 循环，每刀螺纹加工需要一个程序段，但是 G76 循环能在一个程序段或两个程序段中加工任何单头螺纹，在机床上修改程序也变得更快更容易。在 G76 螺纹切削循环中，螺纹刀以斜进的方式进行螺纹切削。总的螺纹切削深度（牙高）一般以递减的方式进行分配，螺纹刀单刃参与切削。每次的切削深度由数控系统计算给出。

格式：

G76 P（m rα）Q（最小切深）R（精加工余量）；

G76 X（U）Z（W）P（牙高）Q（最大切深）R（锥螺纹参数）F（导程）；

FANUC 0i 复合螺纹加工循环指令 G76 格式分两个程序段，格式中各参数含义如表 4-7 所示。

表 4-7　G76 参数说明

第一程序段：G76 P（m rα）Q ～ R ～		
P ～	（m）	精加工重复次数，为 1 ～ 99 的两位数
	（r）	倒角量，当螺距为 L，从 0.01L 到 99L 设定，单位为 0.1L，为 1 ～ 99 的两位数
	（a）	刀尖角度，选择 80°、60°、55°、30°、29°、0° 六种中的一种，由两位数规定
Q ～		最小切深（用半径值指定），切深小于此值时，实际切深为此值
R ～		精加工余量（微米）
第二程序段：G76 X（U）Z（W）R ～ P ～ Q ～ F ～		
X（U）Z（W）		螺纹最后切削的终端位置的 X、Z 坐标，X（U）表示牙底深度位置
Q ～		第一刀切削深度，半径值，正值（μm）	P ～	牙高，半径值，正值（μm）
R ～		锥螺纹半径差，圆柱直螺纹切削省略	F	螺距正值

第五节　车削刀具补偿指令

刀具补偿是补偿实际加工时所用的刀具与编程时使用的理想刀具或对刀时用的基准刀具之间的差值，从而保证加工出符合图纸尺寸要求的零件。

一、刀具的几何补偿与磨损补偿

刀具几何补偿是补偿刀具形状和刀具安装位置与编程时理想刀具或基准刀具的偏移，刀具磨损补偿则是用于补偿刀具使用磨损后刀具头部与原始尺寸的误差。这些补偿数据通常是通过对刀后采集到的，而且必须将这些数据准确地储存到刀具数据库中，然后通过程序中的刀补代码来提取并执行。

刀补指令用 T 代码表示。常用 T 代码格式为 T××××，即 T 后可跟 4 位数，其中前 2 位表示刀具号，后两位表示刀具补偿号。当补偿号为 0 或 00 时，表示不进行补偿或取消刀具补偿。若设定刀具几何补偿和磨损补偿同时有效时，刀补量是两者的矢量和。刀具的补偿可以根据实际需要分别或同时对刀具轴向和径向的偏移量实行修正。在程序中必须事先编入刀具及其刀具号（例如，在粗加工结束后精加工开始前，在程序中专门输入"T0101"），每个刀补号的 X 向补偿值或 Z 向补偿值根据实际需要由操作者输入，当程序在执行如"T0101"后，系统就调用了补偿值，使刀尖从偏离位置恢复到编程轨迹上，从而实现刀具偏移量的修正。

以 1 号刀作为基准刀具，工件原点为 A 点，则其他刀具与基准刀具的长度差值（比基准刀具短用负值表示）及换刀后刀具从刀位点到 A 点的移动距离见表 4-8。

表 4-8　刀具补偿值表

刀具 项目	T01（基准刀具）		T02		T04	
	X（直径）	Z	X（直径）	Z	X（直径）	Z
长度差值	0	0	-10	5	10	10
刀具移动距离	20	30	30	25	10	20

当换为 2 号刀后，由于 2 号刀在 X 直径方向比基准刀具短 10 mm，而在 Z 方向比基准刀具长 5 mm，因此，与基准刀具相比，2 号刀具的刀位点从换刀点移动到 A 点时，在 X 方向要多移动 10 mm，而在 Z 方向要少移动 5 mm。4 号刀具移动的距离计算方法与 2 号刀具的相同。

二、刀尖半径补偿

数控程序是针对刀具上的某一点（即刀位点），按工件轮廓尺寸编制的。车刀的刀位点一般为理想状态下的假想刀尖点或刀尖圆弧圆心点。但实际加工中的车刀，由于工艺或其他要求，刀尖往往不是一理想点，而是一段圆弧，切削加工时，刀具切削点在刀尖圆弧上变动。在切削内孔、外圆及端面时，刀尖不影响加工尺寸和形状；但在切削锥面和圆弧时，会造成过切或欠切现象，此时，可以用刀尖半径补偿功能来消除误差。数控机床根据刀具实际尺寸，自动改变机床坐标轴或刀具刀位点位置，使实际加工轮廓和编程轨迹一致。

具有刀具半径补偿功能的数控车床，编程时不用计算刀尖半径的中心轨迹，只须按零件轮廓编程，并在加工前输入刀具半径数据，通过程序中的刀具半径补偿指令，数控装置可自动计算出刀具中心轨迹，并使刀具中心按此轨迹运动。也就是说，执行刀具半径补偿后，刀具中心将自动在偏离工件轮廓一个半径值的轨迹上运动，从而加工出所要求的工件轮廓。

（一）刀尖圆弧半径补偿指令

1. 刀具半径左补偿指令 G41

沿刀具运动方向看，刀具在工件左侧时，称为刀具半径左补偿。

2. 刀具半径右补偿指令 G42

沿刀具运动方向看，刀具在工件右侧时，称为刀具半径右补偿。

3. 取消刀具半径补偿指令 G40

若要取消刀具半径补偿，可使用指令 G40。

4. 指令格式

刀具半径左补偿：G41 G01（G00）X（U）__Z（W）__F__；

刀具半径右补偿：G42 G01（G00）X（U）__Z（W）__；

取消刀具半径补偿：G40 G01（G00）X（U）__Z（W）__；

说明：

① G41、G42 和 G40 是模态指令。G41 和 G42 指令不能同时使用，即前面的程序段中如果有 G41 就不能接着使用 G42，必须先用 G40 取消 G41 刀具半径补偿后，才能使用 G42，否则补偿就不正常。

②不能在圆弧指令段建立或取消刀具半径补偿，只能在 G00 或 G01 指令段建立或取消。

（二）刀具半径补偿的过程

刀具半径补偿的过程分为三步：第一步为刀补的建立，刀具中心从编程轨迹重合过渡到与编程轨迹偏离一个偏移量的过程；第二步为刀补的进行，执行 G41 或 G42 指令的程序段后，刀具中心始终与编程轨迹相距一个偏移量；第三步为刀补的取消，刀具离开工件，刀具中心轨迹过渡到与编程重合的过程。

（三）刀尖方位的确定

刀具刀尖半径补偿功能执行时除了与刀具刀尖半径大小有关外，还与刀尖的方位有关。不同的刀具，刀尖圆弧的位置不同，刀具自动偏离零件轮廓的方向就不同。车刀方位有 10 个，分别用参数 0 ~ 9 表示。

第五章 数控铣削加工工艺与编程

第一节 数控铣削加工基础

一、数控铣床概述

数控铣床是以复杂型面铣削加工为主，兼顾钻、镗、螺纹加工工艺的一种数字控制机床。数控铣床常用的分类方式是按机床的结构布置方式和控制轴的数量来进行分类。

（一）数控铣床按机床的结构布置方式分类

数控铣床按机床的结构布置方式的不同分为三类：

1.立式数控铣床：其主轴垂直于水平面；

2.卧式数控铣床：其主轴平行于水平面；

3.立、卧两用数控铣床：它的主轴方向可以更换（有手动与自动两种），既可以进行立式加工，又可以进行卧式加工，其使用范围更广，功能更全。

（二）数控铣床按控制轴数量分类

数控铣床按控制轴数量可分为四类：

1.两轴半联动数控铣床：只能进行 X、Y、Z 三个坐标中的任意两个坐标轴联动加工。

2.三轴联动数控铣床：具有加工形状复杂的二维以至三维复杂轮廓的能力。

3.四轴联动数控铣床：在 X、Y 和 Z 三个平动坐标轴基础上增加一个转动坐标轴（A 或 B），且四个轴一般可以联动。其中，转动轴既可以作用于刀具（刀具摆动型），也可以作用于工件（工作台回转/摆动型）；机床既可以是立式的也可以是卧式的；此外，转动轴既可以是 4 轴（绕 X 轴转动），也可以是 8 轴（绕 Y 轴转动）。因此，四轴加工可以获得比三轴加工更广的工艺范围和更好的加工效果。

4.五轴联动数控铣床：五轴联动除 X、Y、Z 以外的两个回转轴的运动有两种实现方法。一是在工作台上用复合 A、C 轴转台，二是采用复合 A、C 轴的主轴头。这两种方法完全由工件形状决定，方法本身并无优劣之分。采用五轴联动对三维曲面零件的加工，可用刀具最佳几何形状进行切削，不仅加工表面粗糙度低，而且效率也大幅度提高。一般认为，一台五轴联动机床的效率可以等于两台三轴联动机床，特别是使用立方氮化硼等超硬材料铣刀进行高速铣削淬硬钢零件时，五轴联动加工可比三轴联动加工发挥更高的效益。

二、数控铣削加工的主要内容及工艺特点

数控铣削是机械加工中最常用和最主要的数控加工方法之一。主要用于各种较复杂的平面、曲面和壳体类零件的加工，同时还可以进行钻、扩、锪、铰、攻螺纹等加工。根据数控铣床所用刀具的不同，可以加工不同的表面。从铣削加工角度来考虑，适合数控铣削的主要加工对象有下面三类：

（一）平面类零件

加工面平行或垂直于水平面，或加工面与水平面的夹角为定角的零件为平面类零件。目前在数控机床上加工的绝大多数零件属平面类零件。由于平面类零件的各个加工面是平面，或可以展开成平面，所以它是数控铣削加工对象中最简单的一类零件，一般只须用三坐标数控铣床的两坐标联动（或两轴半坐标联动）就可以把它们加工出来。

（二）变斜角类零件

加工面与水平面的夹角呈连续变化的零件称为变斜角类零件。这类零件多为飞机零件，由于变斜角类零件的变斜角加工面不能展开为平面，但在加工中，加工面与铣刀圆周接触的瞬间为一条线，所以最好采用四坐标或五坐标数控铣床摆角加工。在没有上述机床时，可采用三坐标数控铣床，进行两轴半坐标近似加工。

（三）曲面类零件

加工面为空间曲面的零件称为曲面类零件。曲面类零件的加工面不能展开为平面，加工时，加工面与铣刀始终为点接触。常用两轴半联动数控铣床来加工精度要求不高的曲面；精度要求高的曲面类零件一般采用三轴联动数控铣床加工；当曲面较复杂、通道较狭窄、会伤及毗邻表面及须刀具摆动时，要采用四轴甚至五轴联动数控铣床加工。

三、铣刀简介

铣刀是数控铣床进行数控铣削的主要刀具，它是一种在回转表面上或者端面上分布有多个刀齿的多刃刀具。数控铣削加工对铣刀的基本要求是刚性要好，耐用度要高。

要求铣刀刚性好，一是为提高生产效率而采用大切削用量的需要，二是为适应数控铣床加工过程中难以调整切削用量的特点。数控铣削必须按程序规定的进给路线前进，遇到

数控加工技术研究

余量大时，就无法像通用铣床那样"随机应变"，除非在编程时能够预先考虑到余量悬殊的问题，否则铣刀必须返回原点，用改变切削面高度或加大刀具半径补偿值的方法从头开始加工，多进给几次。但这样势必造成余量少的地方经常空进给，降低了生产效率。如果刀具刚性较好就不必这样处理。再者，在数控铣削中，因铣刀刚性较差而断刀并造成零件损伤的事例是常有的，所以解决数控铣刀的刚性问题是至关重要的。

铣刀的耐用度要高，尤其是当一把铣刀加工的内容很多时，如果刀具不耐用而磨损较快，不仅会影响零件的表面质量与加工精度，而且会增加换刀引起的调刀与对刀次数，也会使工作表面留下因对刀误差而形成的接刀台阶，从而降低零件的表面质量。

除上述两点之外，铣刀切削刃的几何角度参数的选择及排屑性能等也非常重要。切屑粘刀形成积屑瘤在数控铣削中是十分忌讳的。总之，根据被加工工件材料的热处理状态、切削性能及加工余量，选择刚性好、耐用度高的铣刀，是充分发挥数控铣床生产效率和获得满意加工质量的前提。

按用途分，铣刀大致可分为面铣刀、立铣刀、键槽铣刀、锯片铣刀、角度铣刀、模具铣刀、成型铣刀等，下面介绍几种在数控机床上最常用的铣刀。

（一）面铣刀

又称"端铣刀"。主要用于在铣床（立式、卧式、数控、加工中心）上加工平面、台阶面等，是应用相当广泛的一种刀具。面铣刀的圆周表面和端面都有切削刃，端部切削刃为副切削刃。面铣刀多制成套式镶齿结构，刀齿为高速钢或硬质合金，刀体为 40Cr。硬质合金面铣刀与高速钢铣刀相比，铣削速度较高，加工效率高，加工表面质量也较好，并可加工带有硬皮和淬硬层的工件，故得到广泛应用。面铣刀按刀片和刀齿的安装方式不同，可分为整体焊接式、机夹—焊接式和可转位式三种。由于整体焊接式和机夹—焊接式面铣刀难以保证焊接质量，刀具耐用度低，重磨较费时，目前已逐渐被可转位式面铣刀所取代。

可转位式面铣刀是将可转位刀片通过夹紧元件夹固在刀体上，当刀片的一个切削刃用钝后，直接在机床上将刀片转位或更换新刀片。因此，这种铣刀在提高产品质量、加工效率，降低成本，操作使用方便等方面都具有明显的优越性，目前已得到广泛应用。可转位式铣刀要求刀片定位精度高、夹紧可靠、排屑容易、更换刀片迅速等，同时各定位、夹紧元件通用性要好，制造要方便，并且应经久耐用。

（二）立铣刀

立铣刀是数控铣床上用得最多的一种铣刀，主要有三种形式：球头刀、平铣刀、R 刀（又称"圆鼻刀"或"牛鼻刀"）。某些立铣刀侧壁，主要用于在立式铣床上加工凹槽、台阶面和成形面（利用靠模）等。它的侧壁（圆柱或圆锥）表面和端面上都有切削刃，它们可同时进行切削，也可单独进行切削。立铣刀圆柱（锥）表面的切削刃为主切削刃，端面上的切削刃为副切削刃。主切削刃一般为螺旋齿，这样可以增加切削平稳性，提高加工精度。

普通高速钢立铣刀端面中心有顶尖孔，中心处无切削刃，所以不能做轴向进给，端面刃主要用来加工与侧面相垂直的底平面。该立铣刀有粗齿和细齿之分，粗齿齿数为 3 ~ 6 齿，适用于粗加工细齿齿数为 5 ~ 10 齿，适用于半精加工。直径范围为 2 ~ 80 mm，柄部有直柄、莫氏锥柄、7 ∶ 24 锥柄等多种形式。

（三）键槽铣刀

键槽铣刀有两个刀齿，圆柱面和端面都有切削刃，端面刃延至中心，无顶尖孔，且螺旋角较小，增强了端面刀齿的强度，既像立铣刀，又像钻头。加工时，先轴向小进给量进给，此时端刃为主切削刃，侧刃为副切削刃。然后再径向进给，此时端刃为副切削刃，侧刃为主切削刃，这样反复多次，达到槽深，就可完成键槽的加工。

这种铣刀加工键槽精度高，刀具寿命长，直径范围为 2 ~ 63 mm，柄部有直柄、莫氏锥柄两种形式。

（四）鼓形铣刀

鼓形铣刀的切削刃分布在半径为 R 的圆弧面上，端面无切削刃。加工时控制刀具上下位置，相应改变刀刃的切削部位，可以在工件上切出从负到正的不同斜角。R 越小，鼓形刀所能加工的斜角范围越广，但所获得的表面质量也越差。这种刀具的缺点是刃磨困难，切削条件差，而且不适合加工有底的轮廓表面。

（五）成型铣刀

成型铣刀一般都是为特定的工件或加工内容专门设计制造的，如角皮面、凹槽、特形孔或台等。

除了上述几种类型的铣刀外，数控铣床也可使用各种通用铣刀。但因不少数控铣床的主轴内有特殊的拉刀位置，或因主轴内锥孔有别，须配备过渡套和拉钉。

（六）锯片铣刀

锯片铣刀可分为中小型规格的锯片铣刀和大规格的锯片铣刀，数控铣和加工中心主要用中小型规格的锯片铣刀。目前国外有可转位锯片铣刀生产。锯片铣刀主要用于大多数材料的切槽、切断、内外槽铣削、组合铣削、缺口加工、齿轮毛坯粗齿加工等。

四、数控铣削常用夹具

（一）通用夹具

这类夹具具有很大的通用性，现已标准化，在一定范围内无须调整或稍加调整就可用于装夹不同的工件。如三爪自定心卡盘、四爪单调卡盘、平口钳、分度头等。这类夹具通常作为机床附件由专业厂生产。其使用特点是操作费时、生产率低，主要用于单件小批生产。

1. 三爪卡盘

将三爪卡盘固定于工作台上，用扳手旋转锥齿轮，锥齿轮带动平面矩形螺纹，然后带动三爪向心运动，因为平面矩形螺纹的螺距相等，所以三爪运动距离相等，有自动定心的作用。三爪卡盘是由一个大锥齿轮、三个小锥齿轮、三个卡爪组成。三个小锥齿轮和大锥齿轮啮合，大锥齿轮的背面有平面螺纹结构，三个卡爪等分安装在平面螺纹上。当用扳手扳动小锥齿轮时，大锥齿轮便转动，它背面的平面螺纹就使三个卡爪同时向中心靠近或退出。

2. 四爪单调卡盘

将四爪卡盘固定于工作台上，用扳手旋转四个丝杠并分别带动四爪，因此常见的四爪卡盘没有自动定心的作用。但可以通过调整四爪位置，装夹各种矩形的、不规则的工件。

3. 平口钳

平口钳全称是机床用平口虎钳，又叫平口虎钳，是将工件固定夹持在机床工作台上进行切削加工的一种机床附件。使用时，用扳手转动丝杠，通过丝杠螺母带动活动钳身移动，形成对工件的夹紧与松开。机用平口钳装配结构是可拆卸的螺纹连接和销连接的铸铁合体，活动钳身的直线运动是由螺旋运动转变的，工作表面是螺旋副、导轨副及间隙配合的轴和孔的摩擦面。机用平口钳设计结构简练紧凑，夹紧力度强，易于操作使用。内螺母一般采用较强的金属材料，使夹持力保持更大，一般都会带有底盘，底盘带有180°刻度线，可以360°平面旋转。

4. 数控分度头

数控分度头是安装在铣床上用于将工件分成任意等份的机床附件。利用分度刻度环和游标、定位销和分度盘及交换齿轮，将装卡在顶尖间或卡盘上的工件分成任意角度，可将圆周分成任意等份，辅助机床利用各种不同形状的刀具进行各种沟槽、正齿轮、螺旋正齿轮、阿基米德螺线凸轮等的加工工作。万能分度头还备有圆工作台，工件可直接紧固在工作台上，也可利用装在工作台上的夹具紧固，完成工件多方位加工。数控分度头的功用有：

①使工件绕本身轴线进行分度（等分或不等分），如六方、齿轮、花键等等分的零件。

②使工件的轴线相对铣床工作台台面扳成所需要的角度（水平、垂直或倾斜）。因此，可以加工不同角度的斜面。

③在铣削螺旋槽或凸轮时，能配合工作台的移动使工件连续旋转。

（二）组合夹具

组合夹具是由一套结构已经标准化，尺寸已经规格化的通用元件、组合元件所构成，可以按工件的加工需要组成各种功用的夹具。组合夹具有槽系组合夹具和孔系组合夹具。

组合夹具的基本特点是满足"三化"，标准化、系列化、通用化；具有组合性、可调性、柔性、应急性和经济性，使用寿命长，能适应产品加工中的周期短、成本低等要求；比较适合加工中心应用。它有下列优点：①节约夹具的设计制造工时；②缩短生产准备周期；③节约钢材和降低成本；④提高企业工艺装备系数。

但是，由于组合夹具是由各种通用标准元件组合而成的，各元件间相互配合的环节较多，夹具精度、刚性仍比不上专用夹具，尤其是元件连接的接合面刚度，加工中心对加工精度影响较大。通常，采用组合夹具时其加工尺寸精度只能达到IT8～IT9级，这就使得组合夹具在应用范围上受到一定限制。此外，使用组合夹具首次投资大，总体显得笨重，机床还有排屑不便等不足。对中、小批量，单件（如新产品试制等）或加工精度要求不十分严格的零件，在加工中心上加工时，应尽可能选择组合夹具。

组合夹具分槽系组合夹具和孔系组合夹具两大类，我国以槽系为主。

孔系组合夹具的元件用一面两圆柱销定位，属允许使用的过定位；其定位精度高，刚性比槽系组合夹具好，组装可靠，体积小，元件的工艺性好，成本低，可用作数控机床夹具。但组装时元件的位置不能随意调节，常用偏心销钉或部分开槽元件进行弥补。

（三）专用夹具

对于工厂的主导产品，批量较大，且轮番上场加工，精度要求较高的关键性零件，在加工中心上加工时，选用专用夹具是非常必要的。

专用夹具是根据某一零件的结构特点专门设计的夹具，具有结构合理、刚性强、装夹稳定可靠、操作方便、提高安装精度及装夹速度等优点。选用这种夹具，加工中心一批工件加工后尺寸比较稳定，互换性也较好，可大大提高生产率。但是，专用夹具所固有的只能为一种零件的加工所专用的狭隘性，和产品品种不断变形更新的形势不相适应，特别是专用夹具的设计和制造周期长，花费的劳动量较大，加工简单零件显然不太经济。

（四）可调整夹具

可调整夹具能有效地克服以上两种夹具的不足，既能满足加工精度，又有一定的柔性，是一种很有发展前途的新颖的机床夹具结构形式。

可调整夹具与组合夹具有很大的相似之处，所不同的是它具有一系列整体刚性好的夹具体。在夹具体上，设置有可定位、夹压等多功能的 T 型槽及台阶式光孔、螺孔，配备有多种夹压定位元件。例如，在加工中心工作台上安装一块与工作台大小一样的平板，该平板即可作为大工件的基础板。加工中心也可作为多个小工件的公共基础板，如在卧式加工中心分度工作台上安装平板。

可调整夹具扩大了夹具的使用范围，只要配备通用夹具元件，即可实现快速调整。其刚性好的特点，能良好地保证加工精度，它不仅适用于多品种、中小批量生产，而且在少品种、大批量生产中也体现出明显的优越性。

（五）成组夹具

使用成组夹具的基础是对零件的分类（即编码系统中的零件族）。通过工艺分析，把形状相似、尺寸相近的各种零件进行分组，编制成组工艺，然后把定位、加工中心夹紧和加工方法相同的或相似的零件集中起来，统筹考虑夹具的设计方案。对结构外形相似的零件，采用成组夹具，具有经济、夹压精度高等特点。

五、数控铣床的坐标系及对刀操作

为了便于编程时描述机床的运动和方向，进行正确的数值计算，就需要明确数控机床坐标轴和进给方向。GB/T 19660—2005 标准中采取的坐标轴和运动方向命名的规则为：刀具相对静止的工件而运动，即永远假定刀具相对静止的工件而运动。

（一）机床坐标系

机床坐标系是数控铣床固有的坐标系，是确定刀具在机床上实际运动位置的基准坐标系。标准的机床坐标系是一个右手直角坐标系。规定了 X、Y、Z 三个坐标轴的方向，大拇指的指向为 X 坐标的正方向，食指的指向为 Y 坐标的正方向，中指的指向为 Z 坐标的正方向。这三个坐标轴的方向与机床的主要导轨平行。围绕 X、Y、Z 坐标旋转的坐标分别用 A、B、C 表示。

机床原点是指机床上设置的一个固定的点，即机床坐标系的原点。它在机床装配、调试时就已确定下来，是数控机床进行加工的基准参考点。数控铣床的机床原点一般取在 X、Y、Z 坐标轴的正方向极限位置上。

（二）工件坐标系

为便于编程和加工，在工件上选择一点作为工件坐标测量的零点，其坐标轴的名称与方向和机床坐标系一致，则建立了工件坐标系。

工件坐标系原点亦称编程坐标系原点，该点是指工件装夹完成后，选择工件上的某一点作为编程或工件加工的原点。

（三）工件坐标系原点的选择

工件坐标系原点的选择原则如下：

1. 尽可能将工件坐标系原点选择在工艺定位基准上，这样有利于提高加工精度。

2. 工件坐标系原点的选择要尽量满足编程简单、尺寸换算少、引起的加工误差小等条件。

3. 尽量选在精度较高的工件表面上，以提高被加工零件的加工精度。

4. 将工件坐标系原点选择在零件的尺寸基准上，这样便于坐标值的计算，减少手工计算量。

5. Z 轴工件坐标系原点通常选在工件的上表面。当工件对称时，一般以工件的对称中心作为 XY 平面的原点。

6. X 轴、Y 轴工件坐标系原点设在与零件的设计基准重合的地方。

（四）数控铣床的对刀操作

对刀就是通过刀具或对刀工具确定工件坐标系与机床坐标系之间的空间位置关系，就是让数控系统知道工件原点在机床坐标系中的具体位置，因为数控程序是在工件坐标系下编制的，而刀具则是依靠机床坐标系实现正确的移动，只有二者建立起确定的位置关系，数控系统才能正确地按照程序坐标控制刀具的运动轨迹。简言之，对刀的目的就是要获得工件坐标系原点在机床坐标系中的坐标值。

数控铣床的对刀操作分为 X、Y 向对刀和 Z 向对刀，对刀的准确程度将直接影响加工精度。对刀的方法要与零件的加工精度相适应。

1. X、Y 向对刀

根据使用对刀工具的不同，对刀方法可以分为：试切对刀法、刚性靠棒对刀法、寻边器对刀法、百分表对刀法和对刀仪对刀法。

（1）试切对刀法

试切对刀法即直接采用加工刀具进行对刀，这种方法操作简单方便，但会在零件表面留下切削刀痕，影响零件表面质量且对刀精度较低。

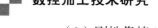

（2）刚性靠棒对刀法

刚性靠棒对刀法是利用刚性靠棒配合塞尺（或块规）对刀的一种方法，其对刀方法与试切对刀法相似。首先将刚性靠棒安装在刀柄中，移动工作台使刚性靠棒靠近工件，并将塞尺塞入刚性靠棒与工件之间，再次移动机床使塞尺恰好不能自由抽动为准。这种对刀方法不会在零件表面留下痕迹，但对刀精度不高且较为费时。

（3）寻边器对刀法

寻边器对刀法与刚性靠棒对刀法相似。常用的寻边器有机械寻边器，在使用机械寻边器时要求主轴转速设定在 500 r/min 左右，这种对刀法精度高，无须维护，成本适中；光电寻边器在使用时主轴不转，这种对刀法精度高，须维护，成本较高。在实际加工过程中考虑到成本和加工精度问题，一般选用机械寻边器来进行对刀找正。采用寻边器对刀要求定位基准面应有较好的表面粗糙度和直线度，确保对刀精度。

（4）百分表对刀法

该方法一般用于圆形零件的对刀，用磁力表座将百分表安放在机床主轴端面上，调整磁力表座上的伸缩杆长度和角度，使百分表的触头接触零件的圆周面（指针转动约为 0.2 mm），用手慢慢旋转主轴，使百分表的触头沿零件的圆周面转动，观察百分表指针的偏移情况，通过多次反复调整机床 X、Y 向，待转动主轴一周时百分表的指针基本上停止在同一个位置，其指针的跳动量在允许的对刀误差范围内，这时可以认定主轴的中心就是 X、Y 轴的原点。

2.Z 向对刀

当对刀工具中心在 X、Y 方向上的对刀完成后，可以取下对刀工具，换上基准刀具，进行 Z 向对刀操作。零件的 Z 向对刀通常采用试切法对刀和 Z 向对刀仪对刀。

（1）试切法对刀

Z 向的对刀点通常都是以零件的上下表面为基准的。若以零件的上表面为 Z = 0 的工件坐标系零点，则在采用试切法对刀时，须移动刀具到工件的上表面进行试切，并记录 CRT 显示器中 Z 向的"机床坐标系"的坐标值，即为工件坐标系原点在机床坐标系中的 Z 向坐标值。

（2）Z 向对刀仪对刀

Z 向对刀仪对刀主要用于确定工件坐标系原点在机床坐标系的 Z 轴坐标，或者说是确定刀具在机床坐标系中的高度。Z 向对刀仪有光电式和指针式等类型，通过光电指示或指针判断刀具与对刀仪是否接触，对刀精度一般可达 0.005 mm。Z 向对刀仪带有磁性表座，可以牢固地附着在工件或夹具上，其高度一般为 50 或 100 mm。

3. 工件坐标系原点的设定

（1）G92 设定工件坐标系原点

G92 与数控车的 G50 指令类似，确定刀位点相对工件坐标系原点的位置。

G92 指令格式：（G90）G92 X__Y__Z__;

式中，X__Y__Z__ 只能是绝对坐标编程。执行 G92 指令时，刀具本身并不会做任何移动，但数控系统内部会基于和 Y 值及刀具的当前位置计算确定工件坐标系，此时，可以看到数控系统的 LCD 显示屏上显示的坐标绝对值即为 G92 指令中的坐标值。

注意：

① G92 指令中的坐标设定值，由操作人员根据现场情况设定。

② G92 指令设定工件坐标系时，程序结束前刀具必须返回初始对刀位置。

③ G92 指令更适合于单件小批量生产。对于批量生产，一般习惯采用 G54 ～ G59 指令建立工件坐标系。

（2）利用选择工件坐标系指令 G54 ～ G59 和工件坐标系存储器设定工件坐标系原点

FANUC 系统中，有一个外部工件零点偏移坐标系 No.00（EXT）和 6 个工件坐标系存储器〔 No.01（G54）～ No.06（G59）〕。当 EXOFS=0 时，No.1 ～ No.6 工件坐标系是以机床参考点为起点偏移的。但若 EXOFS ≠ 0 时，则 6 个工件坐标系同时偏移。

如果操作人员测量出工件零点与机床零点的位置差别分别表示为 G54 X △ x、G54 Y △ y、G54 Z △ z，且把机床零点进行 G54 X △ x、G54 Y △ y、G54 Z △ z 值的位置偏置，则机床显示的坐标值与工件坐标系表达的坐标值就相同了。

设测量到 △ x=-364.300， △ y=-210.505， △ z=-301.210，操作人员通过零点偏置页面，把 G54X、G54Y、G54 Z 偏置值输入 CNC 的参数存储器。

工件坐标系可通过 MDI 面板设置。假设设置了 G55，则通电并执行了返参操作后，程序中出现 G55 指令即可建立工件坐标系。

六、顺铣和逆铣的选择

在数控铣削加工中进给方向对零件的加工精度和表面质量有直接的影响，因此，确定好进给方向是保证铣削加工精度和表面质量的工艺措施之一。进给方向与工件表面状况、要求的零件表面质量、机床送给机构的间隙、刀具耐用度及零件轮廓形状等有关。铣削的进给方向分为顺铣和逆铣两种方式。

逆铣时，刀具从已加工表面切入，切削厚度从零逐渐增大；刀齿在已加工表面上滑行、挤压，使这段表面产生严重的冷硬层，下一个刀齿切入时，又在冷硬层表面滑行、挤压，不仅使刀齿容易磨损，而且使工件的表面粗糙度增大。同时，刀齿垂直方向的切削分力向上，不仅会使工作台与导轨间形成间隙，引起振动，而且有把工件从工作台上挑起的倾向，因此需较大的夹紧力。但逆铣时刀齿从已加工表面切入，不会造成从毛坯面切入而打刀；加之其水平切削分力与工件进给方向相反，使铣床工作台纵向进给的丝杠与螺母传动面始终是右侧面抵紧，不会受丝杠螺母副间隙的影响，铣削较平稳。

顺铣时，刀具从待加工表面切入，切削厚度从最大逐渐减小为零，切入时冲击力较大；刀齿无滑行、挤压现象，对刀具耐用度有利；其垂直方向的切削分力向下压向工作台，减小了工件上下的振动，对提高铣刀加工表面质量和工件的夹紧有利。但顺铣的水平切削分力与工件进给方向一致，当水平切削分力大于工作台摩擦力（例如遇到加工表面有硬皮或硬质点）时，使工作台带动丝杠向左移动，丝杠与螺母传动副右侧面出现间隙，硬点过后丝杠螺母副的间隙恢复正常（左侧间隙），这种现象对加工极为不利，会引起"啃刀"或"打刀"，甚至损坏夹具或机床。

根据上面的分析，当工件表面无硬皮、机床进给机构无间隙时，应选用顺铣，按照顺铣安排进给路线。因为采用顺铣加工后，零件已加工表面质量好，刀齿磨损小。精铣时，尤其是零件材料为铝镁合金、钛合金或耐热合金时，应尽量采用顺铣。当工件表面有硬皮、机床的进给机构有间隙时，应选用逆铣，按照逆铣安排进给路线。因为逆铣时，刀齿是从已加工表面切入，不会崩刃；机床进给机构的间隙不会引起振动和爬行。

七、数控铣削加工工艺方案的设计

制定零件的数控铣削加工工艺是数控铣削加工的一项首要工作。数控铣削加工工艺制定得合理与否，直接影响到零件的加工质量、生产率和加工成本。在制定零件的数控铣削加工工艺时，首先要对目标零件进行工艺性分析。其主要内容包括：

（一）数控铣削加工内容的选择

数控铣床的工艺范围比普通铣床宽，但其价格较普通铣床高得多，因此，选择数控铣削加工内容时，应从实际需要和经济性两个方面考虑。通常选择下列加工部位为其加工内容：

1. 零件上的曲线轮廓，特别是可由数学表达式描绘的非圆曲线和列表曲线等曲线轮廓；

2. 已给出数学模型的空间曲面；

3. 形状复杂、尺寸繁多、画线与检测困难的部位；

4. 用通用铣床加工难以观察、测量和控制进给的内外凹面；

5. 以尺寸协调的高精度孔或面；

6. 能在一次安装中顺带铣出来的简单表面；

7. 采用数控铣削后能成倍提高生产率，大大减轻体力劳动强度的一般加工内容。但对于简单的粗加工表面、需长时间占机做人工调整（如以毛坯粗基准定位画线找正）的粗加工表面、毛坯上的加工余量不太充分或不太稳定的部位，以及必须用细长铣刀加工的部位（一般指狭窄深槽或高肋板小转接圆弧部位）等不宜选作数控铣削加工内容。

（二）零件结构工艺性分析

1.零件图样尺寸的正确标注

由于加工程序是以准确的坐标点来编制的，因此，各图形几何要素间的相互关系（如相切、相交、垂直和平行等）应明确；各种几何要素的条件要充分，不能有会引起矛盾的多余尺寸或影响工序安排的封闭尺寸等。

2.保证获得要求的加工精度

虽然数控机床精度很高，但对一些特殊情况，例如过薄的底板与肋板，因为加工时产生的切削拉力及薄板的弹性退让极易产生切削面的振动，使薄板厚度尺寸公差难以保证，其表面粗糙度也将增大。根据实践经验，对于面积较大的薄板，当其厚度小于 3 mm 时，就应在工艺上充分重视这一问题。

3.尽量统一零件轮廓内圆弧的有关尺寸

轮廓内圆弧半径常常限制刀具的直径。若工件的被加工轮廓高度低，转接圆弧半径也大，可以采用较大直径的铣刀来加工，且加工其底板面时，进给次数也相应减少，表面加工质量也会好一些，因此工艺性较好。反之，数控铣削工艺性较差。

一般来说，当 $Ra < 0.2H$（H 为被加工轮廓面的最大高度）时，可以判定零件上该部位的工艺性不好。

铣削面的槽底面圆角或底板与肋板相交处的圆角半径 r 越大，铣刀端刃铣削平面的能力越差，效率也较低，当 r 大到一定程度时甚至必须用球头铣刀加工，这是应当避免的。因为铣刀与铣削平面接触的最大直径 $d=D-2r$（D 为就刀直径）。

当 D 越大而 r 越小时，铣刀端刃铣削平面的面积越大，加工平面的能力越强，铣削工艺性当然也越好。有时，当铣削的底面面积较大，底部圆弧 r 也较大时，我们只能用两把 r 不同的铣刀（一把刀的 r 小些，另一把刀的 r 符合零件图样的要求）分两次进行切削。

一个零件的这种凹圆弧半径在数值上的一致性问题对数控铣削的工艺性显得相当重要，一般来说，即使不能达到完全统一，也要力求将数值相近的圆弧半径分组靠拢达到局部统一，以尽量减少铣刀规格与换刀次数，并避免因频繁换刀而增加零件加工面上的接刀阶差，从而降低表面质量。

4.保证基准统一原则

有些零件需要在铣完一面后再重新安装另一面。由于数控铣削时不能使用通用铣床加工，时常用试切方法来接刀，往往会因为零件的重新安装而接不好刀。这时，最好采用统一基准定位，因此零件上应有合适的孔作为定位基准孔。如果零件上没有基准孔，也可以专门设置工艺孔作为定位基准（如在毛坯上增加工艺凸台或在后继工序要铣去的余量上设基准孔）。

5. 分析零件的变形情况

零件在数控铣削加工时的变形，不仅影响加工质量，而且当变形较大时，将使加工不能继续进行下去。这时就应当考虑采取一些必要的工艺措施进行预防，如对钢件进行调质处理，对铸铝件进行退火处理，对不能用热处理方法解决的，也可考虑粗、精加工及对称去余量等常规方法。

（三）零件毛坯的工艺性分析

零件在进行数控铣削加工时，由于加工过程的自动化，因此余量的大小、如何装夹等问题在设计毛坯时就要仔细考虑好。否则，如果毛坯不适合数控铣削，加工将很难进行下去。根据经验，下列三方面应作为毛坯工艺性分析的要点。

1. 毛坯应有充分、稳定的加工余量

毛坯主要指锻件、铸件。因模锻时的欠压量与允许的错模量会造成余量的多少不等，铸造时也会因砂型误差、收缩量及金属液体的流动性差不能充满型腔等造成余量的不等。此外，锻造、铸造后，毛坯的挠曲与扭曲变形量的不同也会造成加工余量不充分、不稳定。因此，除板料外，不论是锻件、铸件还是型材，只要准备采用数控铣削加工，其加工面均应有较充分的余量。经验表明，数控铣削中最难保证的是加工面与非加工面之间的尺寸，这一点应该引起特别重视，在这种情况下，如果已确定或准备采用数控铣削加工，就应事先在设计时就加以充分考虑，即在零件图样注明的非加工面处也增加适当的余量。

2. 分析毛坯的装夹适应性

主要考虑毛坯在加工时定位和夹紧的可靠性与方便性，以便在一次安装中加工出较多表面。对不便于装夹的毛坯，可考虑在毛坯上另外增加装夹余量或工艺凸台、工艺凸耳等辅助基准，该工件缺少合适的定位基准，在毛坯上铸出两个工艺凸耳，在凸耳上制出定位基准孔。

3. 分析毛坯的余量大小及均匀性

主要考虑在加工时要不要分层切削、分几层切削。也要分析加工中与加工后的变形程度，考虑是否应采取预防性措施与补救措施。如对于热轧中、厚铝板，经淬火时效后很容易在加工中与加工后变形，最好采用经预拉伸处理的淬火板坯。

（四）加工方案分析

1. 平面轮廓加工

平面轮廓多由直线和圆弧或各种曲线构成，通常采用三坐标数控铣床进行两轴半坐标加工。图 5-1 所示由直线和圆弧构成的零件平面轮廓 ABCDEA，采用半径为 R 的立铣刀沿周向加工，虚线 A'B'C'D'E'A 为刀具中心的运动轨迹。为保证加工面光滑，刀具沿 PA' 切入，沿 A'K 切出。

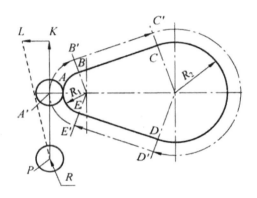

图 5-1　平面轮廓铣削

2. 固定斜角平面加工

固定斜角平面是与水平面成一固定夹角的斜面，常用如下的加工方法：

①当零件尺寸不大时，可用斜垫板垫平后加工，如果机床主轴可以摆角，则可以摆成适当的定角，用不同的刀具来加工。当零件尺寸很大，斜面斜度又较小时，常用行切法加工，但加工后，会在加工面上留下残留面积，需要用钳修方法加以清除，用三轴数控立铣加工飞机整体壁板零件时常用此法。当然，加工斜面的最佳方法是采用五轴数控铣床，主轴摆角后加工，可以不留残留面积。

②对于正圆台和斜筋表面，一般可用专用的角度成型铣刀加工。其效果比采用五轴数控铣床摆角加工好。

3. 变斜角面加工

常用的加工方案有下列几种：

①对曲率变化较小的变斜角面，选用 X、Y、Z 和 A 四坐标联动的数控铣床，采用立铣刀（但当零件斜角过大，超过机床主轴摆角范围时，可用角度成型铣刀加以弥补）以插补方式摆角加工。加工时，为保证刀具与零件型面在全长上始终贴合，刀具绕 A 轴摆动角度。

②对曲率变化较大的变斜角面，用四轴联动机床难以满足加工要求，最好用 X、Y、Z、A 和 B（或 C 转轴）的五轴联动数控铣床，以圆弧插补方式摆角加工。夹角 α 和 β 分别是

零件斜面母线与 Z 坐标轴夹角在 ZOY 平面上和 XOZ 平面上的分夹角。

③采用三轴数控铣床两轴联动，利用球头铣刀和鼓形铣刀，以直线或圆弧插补方式进行分层铣削加工，加工后的残留面积用钳修方法消除，由于鼓形铣刀的鼓径可以做得比球头铣刀的球径大，所以加工后的残留面积高度小，加工效果比球头铣刀好。

4. 曲面轮廓加工

立体曲面的加工应根据曲面形状、刀具形状，以及精度要求采用不同的铣削加工方法：对曲率变化不大和精度要求不高的曲面粗加工，常采用两轴半坐标行切法加工；对曲率变化较大和精度要求较高的曲面精加工，常用 X、Y、Z 三轴联动插补的行切法加工。对于叶轮、螺旋桨这样的零件，因其叶片形状复杂，刀具容易与相邻表面发生干涉，常用五坐标联动加工。

第二节　FANUC 系统数控铣削常用指令

一、准备功能指令

G 指令又称为准备功能指令，是描述数控机床运动的主要指令群，本书以应用较为广泛的 FANUC 0i 数控系统的 G 指令进行讲解，详细的 G 指令表见表 5-1。

表 5-1　FANUC 0i 系统 G 指令表

G 代码	组	功　能	附　注
G00	01	定位（快速移动）	模态
G01		直线插补	模态
G02		顺时针方向圆弧插补	模态
G03		逆时针方向圆弧插补	模态
G04	00	停刀，准确停止	非模态
G17	02	XY 平面选择	模态
G18		XZ 平面选择	模态
G19		YZ 平面选择	模态
G28	00	机床返回参考点	非模态
G40	07	取消刀具半径补偿	模态
G41		刀具半径左补偿	模态
G42		刀具半径右补偿	模态

（续表）

G 代码	组	功　能	附　注
G43	08	刀具长度正补偿	模态
G44		刀具长度负补偿	模态
G49		取消刀具长度补偿	模态
G50	11	比例缩放取消	模态
G51		比例缩放有效	模态
G50.1	22	可编程镜像取消	模态
G51.1		可编程镜像有效	模态
G52	00	局部坐标系设定	非模态
G53	00	选择机床坐标系	非模态
G54	14	工件坐标系 1 选择	模态
G55		工件坐标系 2 选择	模态
G56		工件坐标系 3 选择	模态
G57		工件坐标系 4 选择	模态
G58		工件坐标系 5 选择	模态
G59		工件坐标系 6 选择	模态
G65	00	宏程序调用	非模态
G66	12	宏程序模态调用	模态
G67		宏程序模态调用取消	模态
G68	16	坐标旋转	模态
G69		坐标旋转取消	模态
G73	09	排屑钻孔循环	模态
G74		左旋攻螺纹循环	模态
G76		精镗循环	模态
G80		取消固定循环	模态
G81		钻孔循环	模态
G82		反镗孔循环	模态
G83		深孔钻削循环	模态
G84		攻螺纹循环	模态
G85		镗孔循环	模态
G86		镗孔循环	模态
G87		背镗循环	模态
G88		镗孔循环	模态
G89		镗孔循环	模态

（续表）

G 代码	组	功　能	附　注
G90	03	绝对值编程	模态
G91		增量值编程	模态
G92	00	设置工件坐标系	非模态
G94	05	每分钟进给	模态
G95		每转进给	模态
G98	10	固定循环返回初始点	模态
G99		固定循环返回 R 点	模态

二、基本编程指令

（一）绝对值编程 G90 与增量值编程 G91

格式：G90 G00/G01 X__Y__Z__

G91 G00/G01 X__Y__Z__

注意：铣床编程中增量编程不能用 U、W，如果用，就表示为 U 轴、W 轴。

（二）快速定位指令 G00

格式：G00 X__Y__Z__

其中，X、Y、Z 为快速定位终点，在 G90 时为终点在工件坐标系中的坐标，在 G91 时为终点相对于起点的位移量。（空间折线移动）

说明：

1. G00 一般用于加工前快速定位或加工后快速退刀。

2. 为避免干涉，通常的做法是：不轻易三轴联动。一般先移动一个轴，再在其他两轴构成的面内联动。

如：进刀时，先在安全高度 Z 上，移动（联动）X、Y 轴，再下移 Z 轴到工件附近。退刀时，先抬 Z 轴，再移动 X、Y 轴。

（三）直线插补指令 G01

格式：G01 X__Y__Z__F__

其中，X、Y、Z 为终点坐标，F 为进给速度，在 G90 时为终点在工件坐标系中的坐标，在 G91 时为终点相对于起点的位移量。

说明：

1. G01 指令刀具从当前位置以联动的方式，按程序段中 F 指令规定的合成进给速度，按合成的直线轨迹移动到程序段所指定的终点。

2. 实际进给速度等于指令速度 F 与进给速度修调倍率的乘积。

3. G01 和 F 都是模态代码，如果后续的程序段不改变加工的线型和进给速度，可以不再书写这些代码。

4. G01 可由 G00、G02、G03 或 G33 指令功能注销。

（四）圆弧插补指令 G02（顺时针圆弧插补）/G03（逆时针圆弧插补）

指令格式：G17 G02（G03）G90（G91）X__Y__I__J__F__ 或

G17 G02（G03）G90（G91）X__Y__I__J__F__

G18 G02（G03）G90（G91）X__Z__R__F__

G19 G02（G03）G90（G91）Y__Z__J__K__F__ 或

G19 G02（G03）G90（G91）Y__Z__R__

说明：

1. I 指圆弧起点指向圆心的连线在 X 轴上的投影矢量，与 X 轴方向一致为正，相反为负。

2. J 指圆弧起点指向圆心的连线在 Y 轴上的投影矢量，与 Y 轴方向一致为正，相反为负。

3. K 指圆弧起点指向圆心的连线在 Z 轴上的投影矢量，与 Z 轴方向一致为正，相反为负。

4. 整圆不能用 R 编程，只能用 I、J、K。

5. 半径 R 值有正负，圆心角 $\alpha \leq 180°$ 时 R 取正值，$\alpha > 180°$ 时 R 取负值。

6. 圆弧插补只能在某平面内进行。G17 代码进行 XY 平面的指定，省略时就被默认为是 G17；当在 ZX（G18）和 YZ（G19）平面上编程时，平面指定代码不能省略。

7. G02/G03 判断：G02 为顺时针方向圆弧插补，G03 为逆时针方向圆弧插补。顺时针或逆时针是从垂直于圆弧加工平面的第三轴的正方向看到的回转方向。

三、刀具半径补偿功能指令 G40/G41/G42

数控铣床进行轮廓加工时，由于刀具有一定的半径，在加工时，刀具中心的运动轨迹必须偏离实际零件轮廓一个刀具半径，否则实际需要的尺寸将与加工出的零件尺寸相差一个刀具半径值或一个直径值。但是，刀具中心实际的运动轨迹各基点坐标计算是相当复杂的，而且在零件加工时，还要考虑加工余量和刀具磨损等因素的影响，很多时候必须重新计算刀心轨迹，这样既麻烦又不易保证加工精度。

现代数控系统设置有刀具半径补偿功能以解决这个问题，有了刀具半径补偿，编程时只须按工件轮廓进行，系统自动计算刀具中心运动轨迹。刀具半径补偿指令由 G41/G42 执行补偿，由 G40 取消补偿。

（一）指令格式：G41/G42 G01/G00 X__Y__D__；

G40 G01/G00 X__Y__；

其中，G41：左刀补（在刀具前进方向左侧补偿）。

G42：右刀补（在刀具前进方向右侧补偿）。

X、Y、Z：G00/G01 的参数，即刀补建立或取消的终点（注：投影到补偿平面上的刀具轨迹受到补偿）。

D：G41/G42 的参数，即刀补号码，它代表了刀补表中对应的半径补偿值。刀补表一般在数控铣中"设置"主页面的"刀偏"页面中显示，在 MDI 状态下可修改。

G40、G41、G42 都是模态代码，可相互注销。

注意：

1. 刀具半径补偿平面的切换必须在补偿取消方式下进行。

2. 刀具半径补偿的建立与取消只能用 G00 或 G01 指令，不得是 G02 或 G03。

（二）刀具半径补偿的建立、执行和撤销

刀具半径补偿包括刀补建立、刀补执行和刀补取消这样三个阶段。程序中含有 G41 或 G42 的程序段是建立刀补的程序段，含有 G40 的程序段是取消刀补的程序段，在执行刀补期间刀具始终处于偏置状态。为了在建立刀补和取消刀补时，避免发生过切或撞刀，以及在刀补执行期间掌握刀具在运动段的拐角处的运动情况，有必要对刀补过程做一简要说明。

1. 刀具补偿的建立

如图 5-2 所示，刀具将沿着路径 S → Q → O → A → B → C → D → O → P → S 进行加工，加工图示外轮廓 OABCD。当刀具从起点 S（-42，-42）快速移动至 Q（-15，0）点，同时建立半径补偿，程序移动的终点是 Q 点，但是经半径补偿后到达的点是 Q' 点，Q' 点相对于 Q 点右偏移了一个刀具半径。

其程序是：

G42 G00 X-15 Y0 D1；

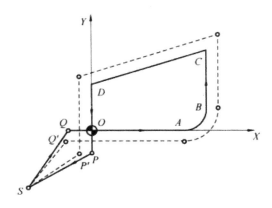

图 5-2 刀具半径补偿的建立与撤销

2. 刀具补偿的执行

一旦建立了刀具补偿状态，要一直维持该状态，直至撤销补偿。图中，程序轨迹将沿实线所示路径 Q→O→A→B→C→D→O 进行，刀具中心轨迹将沿虚线所示路径进行，始终偏离程序轨迹一个刀具半径的距离。

3. 刀具补偿的撤销

当轮廓加工完毕后，刀具撤离零件，回到起刀点 S，在这个过程中应取消刀具半径补偿，其指令用 G40。如图 5-1 所示，刀具从 P 点用一个快速移动回到 S 点，同时取消半径补偿。程序移动的起点是 P 点，但是实际刀具中心的起点是 P'，实际运动轨迹是 P' → S。

其程序是：

G00 G40 X-42 Y-42。

四、刀具长度补偿功能指令 G43/G44/G49

数控铣床的加工过程中，常需要多把刀具才能完成零件的加工；即使是一把刀具，更换新刀具也会遇到刀具长度不相等的问题；另外，长度方向的磨损也是存在的。基于以上原因，现代的数控系统一般均具备刀具长度补偿功能。

假设编程时先以刀具 A 对刀，然后换刀具 B 加工，显然直接使用加工表面欠切。相反，若刀具 B 的长度大于刀具 A，则结果是加工表面过切。但是，若使用刀具 B 时，使其所有 Z 轴方向的尺寸均向下移动一个长度差 H8（长度补偿），即可解决这个问题，这就是刀具长度补偿的原理。

格式：G43/G44 G01/G00 Z__H__

G49 G01/G00 Z__；

G43：刀具长度正补偿

G44：刀具长度负补偿

G49：取消刀具长度补偿

Z：G00/G01 的参数，即刀补建立或取消的终点

H：刀具长度偏置号

注意：

1.G43/G44/G49 是同组模态指令，默认指令 G49。

2. 取消刀补指令是 G49。

刀具长度补偿动作分析：刀具实际到达的位置是指令指定的位置 Z__ 与指定的补偿存储器中的补偿值的代数和。

第三节 平面铣削工艺及编程

一、平面铣削加工的内容、要求及铣削方法

平面铣削通常是指把工件表面加工到某一高度并达到一定表面质量要求的加工。分析平面铣削加工的内容应考虑：加工平面区域大小和加工面相对基准面的位置。分析平面铣削加工要求应考虑加工平面的表面粗糙度、加工面相对基准面的定位尺寸精度、平行度和垂直度等要求。

如图 5-3 所示工件的上表面，区域大小为 80 mm × 120 mm 矩形，距基准面 40 mm 高度位置，并相对基准面 A 有 0.08 mm 的平行度要求、形状公差 0.06 mm 平面度要求和 *Ra*3.2 表面粗糙度要求。

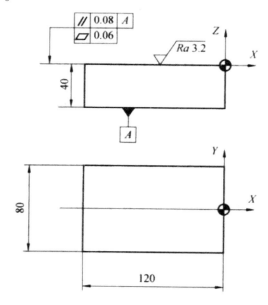

图 5-3 铣平面的工艺要求

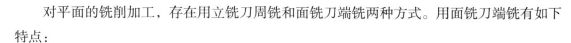

对平面的铣削加工，存在用立铣刀周铣和面铣刀端铣两种方式。用面铣刀端铣有如下特点：

1.用面铣刀加工时，其轴线垂直于工件的加工表面。用端铣的方法铣出的平面，其平面度的好坏主要取决于铣床主轴轴线与进给方向的垂直度。

2.端铣用的面铣刀其装夹刚性较好，铣削时振动较小。

3.端铣时，同时工作的刀齿数比周铣时多，工作较平稳。

4.端铣用面铣刀切削，其刀齿的主、副切削刃同时工作，由主切削刃切去大部分余量，副切削刃则可起到修光作用，铣刀齿刃负荷分配也较合理，铣刀使用寿命较长，且加工表面的表面粗糙度值较小。

5.端铣的面铣刀便于镶装硬质合金刀片进行高速铣削和阶梯铣削，生产效率高，铣削表面质量也较好。

一般情况下，铣平面时，端铣的生产效率和铣削质量都比周铣高，所以平面铣削应尽量用端铣方法。一般大面积的平面铣削使用面铣刀，小面积平面铣削也可使用立铣刀端铣。

二、面铣刀及其选用

（一）面铣刀概述

面铣刀，又称端铣刀，面铣刀的主切削刃分布在铣刀的圆周表面或圆锥表面上，副切削刃则分布在端面上。面铣刀多制成套式镶齿结构，刀齿为高速钢或硬质合金，刀体为40Cr。高速钢面铣刀按国家标准规定，直径 d=80 ~ 250 mm，螺旋角 β =10°，刀齿数 Z=10 ~ 26。硬质合金面铣刀与高速钢铣刀相比，铣削速度较高，加工效率高，加工表面质量也较好，并可加工带有硬皮和淬硬层的工件，故得到广泛应用。硬质合金面铣刀按刀片和刀齿的安装方式不同，可分为整体焊接式、机夹—焊接式和可转位式三种。

由于整体焊接式和机夹—焊接式面铣刀难以保证焊接质量，刀具耐用度低，重磨较费时，目前已逐渐被可转位式面铣刀所取代。

硬质合金可转位式面铣刀（可转位式端铣刀），这种结构成本低，制作方便，刀刃用钝后可直接在机床上转换刀刃和更换刀片。

可转位式面铣刀要求了刀片定位精度高、夹紧可靠、排屑容易和更换刀片迅速等。硬质合金面铣刀与高速钢面铣刀相比，铣削速度和加工效率较高，且加工表面质量也较好，并可加工带有硬皮和淬硬层的工件，在提高产品质量和加工效率等方面都具有明显的优越性。

（二）硬质合金可转位式面铣刀

硬质合金可转位式面铣刀（可转位式端铣刀），这种结构成本低，制作方便，刀刃用钝后可直接在机床上转换刀刃和更换刀片。

可转位式面铣刀要求刀片定位精度高、夹紧可靠、排屑容易和更换刀片迅速等。硬质合金面铣刀与高速钢面铣刀相比，铣削速度和加工效率较高，且加工表面质量也较好，并可加工带有硬皮和淬硬层的工件，在提高产品质量和加工效率等方面都具有明显的优越性。

（三）面铣刀直径选用

平面铣削时，面铣刀直径尺寸的选择是需要重点考虑的问题之一。

对于面积不太大的平面，宜用直径比平面宽度大的面铣刀实现单次平面铣削，平面铣刀最理想的宽度应为材料宽度的 1.2 ~ 1.6 倍。对于面积太大的平面，由于受到多种因素的限制，如考虑到机床功率、刀具和可转位刀片几何尺寸、安装刚度、每次切削的深度和宽度及其他加工因素，面铣刀刀具直径不可能比加工平面宽度更大时，宜选用直径大小适当的面铣刀分多次走刀铣削平面。特别是平面粗加工时，切深大，余量不均匀，且考虑到机床功率和工艺系统的受力，故铣刀直径不宜过大。

（四）面铣刀刀齿选用

面铣刀齿数对铣削生产率和加工质量有直接影响，齿数多，则同时参与切削的齿数也多，生产率高，铣削过程平稳，加工质量好，但要考虑到其负面的影响：刀齿越密，容屑空间越小，排屑不畅，因此只有在精加工余量小和切屑少的场合才用齿数相对多的铣刀。

可转位面铣刀的齿数根据直径不同可分为粗齿、细齿和密齿三种。粗齿铣刀主要用于粗加工；细齿铣刀用于平稳条件下的铣削加工；密齿铣刀的每齿进给量较小，主要用于薄壁铸铁的加工。

面铣刀主要以端齿为主加工各种平面。刀齿主偏角一般为 45°、60°、75°、90°，主偏角为 90° 的面铣刀还能同时加工出与平面垂直的直角面，这个面的高度受到刀片长度的限制。

三、平面铣削的进给路线设计

（一）单次平面铣削

平面铣削中，刀具相对于工件的位置选择是否适当将影响到切削加工的状态和加工质

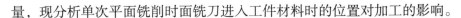

量，现分析单次平面铣削时面铣刀进入工件材料时的位置对加工的影响。

1. 刀心轨迹与工件中心线重合

刀具中心轨迹与工件中心线重合。单次平面铣削时，当刀具中心处于工件中间位置时，容易引起颤振，从而影响到表面加工质量，因此，应该避免刀具中心处于工件中间位置。

2. 刀心轨迹与工件边缘重合

当刀心轨迹与工件边缘线重合时，切削刀片进入工件材料时的冲击力最大，是最不利于刀具寿命和加工质量的情况。因此应该避免刀具中心线与工件边缘线重合。

3. 刀心轨迹在工件边缘外

当刀心轨迹在工件边缘外，刀具刚刚切入工件时，刀片相对工件材料冲击速度大，引起碰撞力也较大，容易使刀具破损或产生缺口，基于此，拟定刀心轨迹时，应避免刀心在工件外。

4. 刀心轨迹在工件边缘与中心线间

当刀心处于工件内时，已切入工件材料刀片承受最大切削力，而刚切入（撞入）工件的刀片受力较小，引起碰撞力也较小，从而可延长刀片寿命，且引起的振动也小一些。

由上面分析可见：拟定面铣刀刀路时，应尽量避免刀心轨迹与工件中心线重合、刀心轨迹与工件边缘重合及刀心轨迹在工件边缘外的三种情况，设计刀心轨迹在工件边缘与中心线间是理想的选择。

（二）多次平面铣削

单次平面铣削的一般规则同样也适用于多次铣削。

铣削大面积工件平面时，分多次铣削的刀路有好几种。最为常见的方法为同一深度上的单向多次切削和双向多次切削。

1. 单向多次切削粗、精加工的路线设计

单向多次切削时，切削起点在工件的同一侧，另一侧为终点的位置，每完成一次工件进给的切削后，刀具从工件上方快速点定位回到与切削起点在工件的同一侧，这是平面精铣削时常用的方法，但频繁的快速返回运动会导致切削效率很低，但这种刀路能保证面铣刀的切削总是顺铣。

2. 双向来回 Z 形切削

双向来回切削也称为 Z 形切削。显然，它的效率比单向多次切削要高，但其在面铣刀改变方向时，刀具要从顺铣方式改为逆铣方式，从而在精铣平面时影响加工质量，因此平面质量要求高的平面精铣通常并不使用这种刀路，其常用于平面铣削的粗加工。

为了安全起见，设计刀具起点和终点时，应确保刀具与工件间有足够的安全间隙。

四、平面铣削的切削用量

铣削用量选择得是否合理，将直接影响到铣削加工的质量。

平面铣削分粗铣、半精铣和精铣三种情况，此处主要介绍粗铣及精铣两种情况。粗铣时，铣削用量选择侧重考虑刀具性能、工艺系统刚性、机床功率和加工效率等因素；精铣时侧重考虑表面加工精度的要求。从刀具耐用度出发，切削用量的选择方法是：首先选取背吃刀量，其次确定进给速度，最后确定切削速度。

（一）平面粗铣用量

粗铣加工时，余量多，要求低，所以在选择铣削用量时主要考虑工艺系统刚性、刀具使用寿命、机床功率和工件余量大小等因素。

首先确定较大的 Z 向切深和切削宽度。铣削无硬皮的钢料，Z 向切深一般选择 3 ~ 5 mm，铣削铸钢或铸铁时，Z 向切深一般选择 5 ~ 7 mm。切削宽度可根据工件加工面的宽度尽量一次铣出，当切削宽度较小时，Z 向切深可相应增大。

选择较大的每齿进给量有利于提高粗铣效率，但应考虑到：当选择了较大的 Z 向切深和切削宽度后，工艺系统刚性是否足够。

当 Z 向切深、切削宽度、每齿进给量较大时，受机床功率和刀具耐用度的限制，一般选择较低的铣削速度。

（二）平面精铣用量

当表面粗糙度要求在 Ra6 ~ 3.2 μm 时，平面一般采用粗铣、精铣两次加工。经过粗铣加工后，精铣加工的余量为 0.5 ~ 2 mm，考虑到表面质量要求，选择较小的每齿进给量。此时加工余量比较少，因此可尽量选较大铣削速度。

表面质量要求较高（Ra0.4 ~ 0.8 μm），表面精铣时的深度选择为 0.5 mm 左右。每齿进给量一般选较小值，铣削速度在推荐范围内选最大值。

第四节　轮廓铣削工艺及编程

一、轮廓铣削内容、要求及铣削方法

由直线、圆弧、曲线通过相交、相切连接而成二维平面轮廓零件，适合用数控铣床周

铣加工，这是因为数控铣床相对普通铣床具有多轴数控联动的功能。

零件二维平面轮廓一般有轮廓度等形位公差要求，轮廓表面有表面粗糙度要求。具有台阶面的平面轮廓，立铣刀在对平行刀具轴线轮廓进行周铣的同时，对垂直于Z轴的台阶面进行端铣，台阶面亦有相应的质量要求。

立铣刀主要是用其侧刃圆周铣削工件轮廓面。铣削时，刀具圆柱素线平行于加工面，平面度的好坏主要取决于铣刀圆柱素线的直线度，铣刀径向圆跳动也会反映到加工工件的表面上。因此，在采用周铣精铣平面时，铣刀的圆柱度一定要好。

周铣用的立铣刀刀杆较长、直径较小、刚性较差，容易产生弯曲变形和引起振动。

周铣时，多个刀齿依次切入和切离工件，易引起周期性的冲击振动。为了减小振动，可选用大螺旋角铣刀来弥补这一缺点。

轮廓周铣精加工时须采用半径补偿加工的方法，可通过调整半径补偿值控制轮廓尺寸精度。垂直于刀具轴线台阶面的位置尺寸精度可通过调整长度补偿值得到。

二、立洗刀及选用

（一）立铣刀概述

立铣刀是数控机床上用得最多的一种铣刀，它的侧壁（圆柱或圆锥面）和端面（平头或球头）上都有切削刃，侧刃与端刃可同时进行切削，也可单独进行切削。

立铣刀可分为平头立铣刀、圆鼻（平头带角）立铣刀、圆锥形立铣刀、圆柱形球头立铣刀和圆锥形球头立铣刀等。其中，圆锥形立铣刀、圆柱形球头立铣刀和圆锥形球头立铣刀常常用于加工模具型腔，也被称为"模具铣刀"。

平头立铣刀能够完成的加工内容包括：轮廓加工、槽和键槽铣削、开放式和封闭式型腔、小面积的平面加工等。

（二）平头立铣刀

1.普硬质合金螺旋齿立铣刀

为了提高切削速度，以提高生产效率，立铣刀材料应有更高的硬度。数控铣床或加工中心普遍采用硬质合金螺旋齿立铣刀，它相对普通高速钢立铣刀硬度更大，具有良好的刚性及排屑性能，适于粗、精铣削加工，生产效率比同类型高速钢铣刀提高了2～5倍。

当铣刀的长度足够时，可以在一个刀槽中焊上两个或更多的硬质合金刀片，并使相邻刀齿间的接缝相互错开，利用同一刀槽中刀片之间的接缝作为分屑槽。这种铣刀俗称"玉米铣刀"，通常在粗加工时选用。

2. 波形刃立铣刀

数控铣床或加工中心加工常选用波形刃立铣刀进行切削余量大的粗加工，能显著提高铣削效率。

波形刃立铣刀与普通高速钢立铣刀的最大区别是其刀刃为波形。波形刃能将狭长的薄切屑变为厚而短的碎块切屑，使排屑顺畅，有利于自动加工的连续进行；由于刀刃是波形，使它与被加工工件接触的切削刃长度较短，刀具不易产生振动；刀刃的波形特征还使刀刃的长度增大，有利于散热，并有利于切削液渗入切削区，能充分发挥切削液的效果。

（三）立铣刀的尺寸选择

CNC 加工中，必须考虑的立铣刀尺寸因素，包括立铣刀直径、立铣刀长度和螺旋槽长度。

立铣刀直径包括名义直径和实测直径。名义直径为刀具厂商给出的值，实测直径是精加工用作半径补偿的半径补偿值。

CNC 加工中必须区别对待非标准直径尺寸的刀具，比如重新刃磨过的刀具，即使用实测的直径作为刀具半径偏置，也不宜将它用在精度要求较高的精加工中。

立铣刀在对内轮廓精铣削加工中，所用立铣刀的刀具半径一定要小于零件内轮廓的最小曲率半径，一般取最小曲率半径的 80% ~ 90%。

另外，直径大的刀具比直径小的刀具的抗弯强度大，加工中不易引起受力弯曲和振动。刀具从主轴伸出的长度和立铣刀从刀柄夹持工具的工作部分中伸出的长度也应认真考虑，立铣刀的长度越长，抗弯强度减小，受力弯曲程度增大，会影响加工的质量，并容易产生振动，加速切削刃的磨损。

不管刀具总长如何，螺旋槽长度始终决定着切削的最大深度。

（四）刀齿的数量

立铣刀根据其刀齿数目不同可分为粗齿（齿数为 3、4、6、8）、中齿（齿数为 4、6、8、10）和细齿（齿数为 5、6、8、10、12）。粗齿铣刀刀齿数目少、强度高、容屑空间大，适用于粗加工；细齿铣刀刀齿数目多、工作平稳，适用于精加工；中齿铣刀刀齿数目介于粗齿和细齿之间。

被加工工件材料类型和加工的性质往往影响刀齿数量选择。

加工塑性大的工件材料，如铝、镁等，为避免产生积屑瘤，常用刀齿少的立铣刀，立铣刀刀齿越少，螺旋槽之间的容屑空间越大，可避免在切削量较大时产生积屑瘤。另外，

刀齿越少，编程的进给率越小。

加工较硬的脆性材料，需要重点考虑的是避免刀具颤振，应选择多刀齿立铣刀，刀齿越多，切削越平稳，从而可减小刀具的颤振。

小直径或中等直径的立铣刀通常有两个、三个或四个刀齿，三刀齿立铣刀兼有两刀齿刀具与四刀齿刀具的优点，加工性能好，但精加工时一般不应选择三刀齿立铣刀，因为其直径尺寸很难精确测量。

三、轮廓铣削的进给路线设计

（一）加工路线的确定原则

在数控加工中，刀具刀位点相对于零件运动的轨迹称为加工路线。加工路线的确定与工件的加工精度和表面粗糙度直接相关，其确定原则如下：

1. 加工路线应保证被加工零件的精度和表面粗糙度，且效率较高。

2. 使数值计算简便，以减少编程工作量。

3. 应使加工路线最短，这样既可减少程序段，又可减少空刀时间。

4. 加工路线还应根据工件的加工余量和机床、刀具的刚度等具体情况确定。

（二）切入、切出方法选择

轮廓铣削时一般需要半径补偿加工，在设计半径补偿加工铣削路线时，应尽量做到在刀具切入工件之前建立刀补；撤销刀补则应放在刀具切出工件之后。铣刀在切入和切出零件时，应沿与零件轮廓曲线相切的切线或切弧上切向切入、切向切出零件表面，而不应沿法向直接切入零件，以避免加工表面产生刀痕，保证零件轮廓光滑。

刀具从 S 点直线运动趋近轮廓过程中建立半径补偿，以直线运动返回 S 点，返回运动中取消半径补偿。采用这种直线趋近及返回的方式，刀具轮廓表面接触的地方容易留下斑痕。当轮廓加工要求并不严格时，使用直线趋近效率较高。

当轮廓加工要求严格时，从 S 点通过一段直线运动建立半径补偿，建立半径补偿在直线运动段不与轮廓接触，而用半径补偿状态的圆弧运动自然切入圆周轮廓。当轮廓加工完成后，采取相反的运动步骤，并且在直线返回运动中取消半径补偿。

精铣削外轮廓时，安排刀具从轮廓外切向引入轮廓铣削加工，当轮廓加工完毕后，又沿切线方向退出。

四、轮廓铣削的切削用量

（一）立铣刀应用中的切削深度

螺旋槽长度（侧刃长度）决定切削的最大深度，实际应用中，铣削深度（Z方向的吃刀深度 a_p）不宜超过刀具直径的 1.5 倍，铣削宽度（侧向的吃刀深度 a_w）不宜超过刀具半径值。直径较小的立铣刀，切削深度应选择得更小些，以保证刀具有足够的刚性。

立铣刀用于粗加工铣毛坯面时，在机床、刀具、工件系统允许的情况下，可用波形立铣刀进行强力切削，毛坯去除余量大时，宜选用直径较大而长度较小的立铣刀，这样在强力切削时，可以避免刀具颤振或刀具偏斜，至少可以将颤振和偏斜限制在最低限度。

（二）立铣刀应用中的进给速度

立铣刀加工应考虑在不同情形下选择不同的进给速度。进给速度分快进（空行程进给速度）、工进（包括切入、切出和切削时的工作进给速度）的进给速度。为提高工效，减少空行程时间，快进的进给速度尽可能高一些，一般为机床允许的最大进给速度。工进的进给速度 v_f 与铣刀转速 n、铣刀齿数 z 及每齿进给量 f_z（单位为 mm/ 齿）的关系为

$$v_f = f_z z n \qquad\qquad 式（5-1）$$

每齿进给量 f_z 的选择主要取决于工件材料的力学位能、刀具材料、工件表面粗糙度等因素。工件材料的强度和硬度越高，f_z 越小；反之则越大。硬质合金铣刀的每齿进给量高于同类高速钢铣刀。工件表面粗糙度要求越高，f_z 就越小。工件刚性差或刀具强度低时，f_z 应取小值。

加工圆弧段时，由于圆弧半径的影响，切削点的实际进给速度 v_T 并不等于选定的刀具中心进给速度 v_f。

加工外圆弧时，切削点的实际进给速度为 $v_T = \dfrac{R}{R+r}v$，即 $v_T < v_f$；而加工内圆弧时，切削点的实际进给速度则为 $v_T = \dfrac{R}{R-r}v_r$，也就是说，加工内圆弧时 $v_T > v_f$，如果 $R \approx r$，则切削点的实际进给速度将变得非常大，有可能损伤刀具或工件。因此，这时要考虑到圆弧半径对工件进给速度的影响。

在选择进给速度时，还要注意零件加工中的某些特殊因素。例如在轮廓加工中，应考虑由于惯性或工艺系统的变形而造成轮廓拐角处的"超程"或"欠程"。如，铣刀自 A 处向 B 处运动，当进给速度较高时，由于惯性作用，在拐角 B 处可能出现"超程过切"现象，即将拐角处的金属多切去一些，使轮廓表面产生误差。解决的办法是选择变化的进给速度。编程时，在接近拐角前适当地降低进给速度，过拐角后再逐渐增速。

（三）立铣刀主轴转速

硬质合金可转位立铣刀相对标准的 HSS 刀具加工钢材时，主轴转速应相对高一些，硬质合金刀具在加工中，随着主轴转速的提高，与刀具切削刃接触的钢材的温度也升高，从而降低了材料的硬度，这时加工条件较好。硬质合金刀具使用的主轴转速通常为标准 HSS 刀具的 3 ~ 5 倍，硬质合金可转位立铣刀加工时若使用较低主轴转速，容易使硬质合金刀具崩裂，甚至损坏。但对于高速钢刀具，使用较高主轴转速会加速刀具的磨损。

铣削的切削速度也可简单地参考表 5-2。

表 5-2　铣削的切削速度的选用

工件材料	硬度（HBS）	切削速度 v_e（mm·min^{-1}）	
		高速钢铣刀	硬质合金铣刀
钢	< 225	18 ~ 42	66 ~ 150
	225 ~ 325	12 ~ 36	54 ~ 120
	325 ~ 425	6 ~ 21	36 ~ 75
铸铁	< 190	21 ~ 36	66 ~ 150
	190 ~ 260	9 ~ 18	45 ~ 90
	260 ~ 320	4.5 ~ 10	21 ~ 30

（四）立铣刀加工振动与切削用量修正

立铣刀在加工过程中刀具有可能出现颤振现象，发生颤振的原因有很多，主要原因包括刀具安装不牢固、刀具长度（从刀架中伸出的部分）过大、加工薄壁材料时切削深度过大或进给率过大等，刀具偏斜也会产生振动。振动会使立铣刀圆周刃的吃刀量不均匀，且切削量比原定值增大，影响加工精度和刀具使用寿命。当出现刀具振动时，应考虑降低切削速度和进给速度，如两者都已降低 40% 后仍存在较大振动，则应考虑减小吃刀量。如果仍然存在颤振，则需要检查加工方法和安装刚度。

第五节　槽铣削工艺及编程

一、槽铣削的加工要求

窄槽是具有一定宽度、深度和截面形状的槽，槽底面与侧面呈直角形的称为直角槽。直角槽可分为敞开式、封闭式和半封闭式三种。

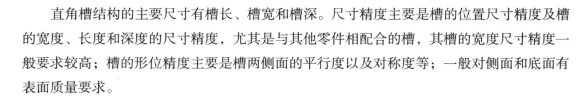

直角槽结构的主要尺寸有槽长、槽宽和槽深。尺寸精度主要是槽的位置尺寸精度及槽的宽度、长度和深度的尺寸精度，尤其是与其他零件相配合的槽，其槽的宽度尺寸精度一般要求较高；槽的形位精度主要是槽两侧面的平行度以及对称度等；一般对侧面和底面有表面质量要求。

二、铣槽刀具

（一）铣槽铣刀

键槽铣刀的外形与立铣刀相似，不同的是它在圆周上只有两个螺旋刀齿，其端面刀齿的刀刃延伸至中心，既像立铣刀又像钻头；螺旋齿的螺旋角较立铣刀小，有利于切削平稳。键槽铣刀适用于铣削对槽宽有相应要求的槽类加工。封闭槽铣削加工时，可以做适量的轴向进给，对于较浅的槽，键槽铣刀可先轴向进给达到槽深，然后沿键槽方向铣出键槽全长，而较深的槽要做多次垂直进给和纵向进给才能完成加工。另外，键槽铣刀可用于插入式铣削、钻削和钩孔。

（二）钻削立铣刀

钻削立铣刀有一个刀片的铣削刃在径向超过中心线而又稍稍低于（偏离）中心线0.15～0.3 mm，配用刀片主要有正方形、平行四边形和不等边、不等角六边形等。

三、精确沟槽铣削刀具路线设计

有较高加工精度要求的窄槽，为了提高槽宽的加工精度，应分粗加工和精加工。

粗加工时采用直径比槽宽小的铣刀，铣槽的中间部分在两侧及槽底留下一定余量；精加工时，为保证槽宽尺寸公差，应用半径补偿的加工方法铣削内轮廓。

（一）开放窄槽的加工路线设计

图 5-4 所示为对开放窄槽加工，刀具的起点可选在工件侧面外，刀具的起点选在槽中线上并在工件之外具有一定安全间隙的适当位置（S 点）。

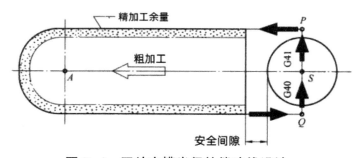

图 5-4　开放窄槽半径补偿路线设计

粗加工时，选择直径比槽宽略小的刀具，刀具经 SA 直线进给切削后，侧面留下适当的精加工余量，槽的底面亦宜留有适当的精加工余量。

精加工时，刀具 Z 向进给运动至窄槽底部深度，通过垂直于窄槽轮廓的 SP 线段进给建立半径补偿，刀具在顺铣模式下对窄槽沿轮廓进行精加工到轮廓延长线的 Q 点，并通过 QS 线段的进给取消半径补偿。

（二）封闭窄槽加工刀具路线设计

粗加工时，选择直径比槽宽略小的刀具，以保证粗加工后留有一定的精加工余量。刀具的 X、Y 起点选择工件槽的某段圆弧轮廓的圆心位置，然后以较小的进给率切入所需的深度（在底部留出精加工余量），再以直线插补运动在两个圆弧中心点之间进行粗加工。

精加工时，刀具法向趋近轮廓建立半径补偿并不合适，因为这样会让刀具在加工轮廓上有停留并产生接刀痕迹。

设计趋近轮廓的路线为与轮廓相切的一个辅助切入圆弧，其目的是引导刀具平滑地过渡到轮廓上，避免接刀痕迹，但刀具半径补偿不能在圆弧插补模式中启动，因此应用直线 G01 运动建立半径补偿，然后用圆弧运动自然切入工件下侧轮廓。这样在轮廓精加工前，增加了两个辅助运动，即：

1. 进行直线运动并启动刀具半径补偿。

2. 切线趋近圆弧运动。

这里值得注意的是趋近圆弧半径大小的选择（位置选择很简单，圆弧必须与轮廓相切），趋近圆弧半径必须符合一定的要求，那就是该圆弧的半径必须既大于刀具半径，又小于刀具引入起点到轮廓的距离（这里是窄槽轮廓的半径），三种半径的关系为：

$$R_t < R_a < R_c \qquad\qquad 式（5\text{-}2）$$

式中，R_t——刀具半径；

　　　　R_a——趋近圆弧（导入圆弧）的半径；

　　　　R_c——轮廓（窄槽）的半径。

四、铣槽切削用量的选用

铣削加工直角沟槽工件时，加工余量一般都比较大，工艺要求也比较高，不应一次加工完成，而应尽量分粗铣和精铣数次进行加工完成。

在深度上，常有一次铣削完成和多次分层铣削完成两种加工方法，这两种加工方法的工艺利弊分析不容忽视。

1. 设计将键槽深度一次铣削完成，能够提高加工效率，但对铣刀的使用较为不利，因为铣刀在用钝时，其切削刃上的磨损长度等于键槽的深度。

2.设计深度方向多次分层铣削键槽，每次铣削层深度只有 0.5 ~ 1 mm，以较大的进给量往返进行铣削。

这种加工方法的优点是铣刀用钝后，只须刃磨铣刀的端面（磨短不到 1 mm），铣刀直径不受影响。

铣削加工沟槽时，排屑不畅，铣刀周围的散热面小，不利于切削。铣削用量选用时，应充分考虑这些因素，不宜选择较大的铣削用量，而应采用较小的铣削用量。铣削窄而深的沟槽时，切削条件更差。

第六节　型腔铣削工艺及编程

一、型腔铣削加工的内容、要求

型腔是 CNC 铣床、加工中心中常见的铣削加工内结构。铣削型腔时，需要在由边界线确定的一个封闭区域内去除材料，该区域由侧壁和底面围成，其侧壁和底面可以是斜面、凸台、球面及其他形状，型腔内部可以全空或有孤岛。对于形状比较复杂或内部有孤岛的型腔则需要使用计算机辅助制造（CAM）编程。

型腔的主要加工要求有：侧壁和底面的尺寸精度、表面粗糙度、二维平面内轮廓的尺寸精度。

二、型腔铣削方法

型腔的加工分粗、精加工。对于较浅的型腔，可用键槽铣刀插削到底面深度，先铣型腔的中间部分，然后再利用刀具半径补偿对垂直侧壁轮廓进行精铣加工。

对于较深的内部型腔，宜在深度方向分层切削，常用的方法是预先钻削一个孔至所需深度，然后再使用比孔尺寸小的平底立铣刀从 Z 向进入预定深度，随后进行侧面铣削加工，将型腔扩大到所需的尺寸和形状。

（一）刀具 Z 向切入零件的方法

与外轮廓加工不同，型腔铣削时，要考虑如何在 Z 向切入零件实体的问题。通常刀具 Z 向切入零件实体有以下三种方法：

1.使用键槽铣刀沿 Z 轴垂直向下进刀切入零件。

2.预先钻一个孔，再用直径比孔径小的立铣刀切削。

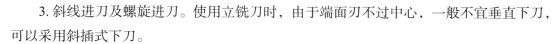

3.斜线进刀及螺旋进刀。使用立铣刀时，由于端面刃不过中心，一般不宜垂直下刀，可以采用斜插式下刀。

斜插式下刀，即在两个切削层之间，刀具从上一层的高度沿斜线以渐近的方式切入工件，直到下一层的高度，然后开始正式切削，一般进刀角度为 5 ~ 10°。

螺旋下刀，即在两个切削层之间，刀具从上一层的高度沿螺旋线以渐近的方式切入工件，直到下一层的高度，然后开始正式切削。

斜线进刀及螺旋进刀都是靠铣刀的侧刃逐渐向下铣削而实现向下进刀的，所以这两种进刀方式可以用于端部切削能力较弱的端铣刀或普通立铣刀向下进给。

（二）刀具粗、精加工的刀路设计

分别为用行切法和环切法加工型腔，两种进给路线的共同点是都能切净内腔中全部面积，不留死角不伤轮廓，同时能尽量减少重复进给的搭接量。不同点是行切法的进给路线比环切法短，但行切法将在每两次进给的起点与终点间留下残留面积，而达不到所要求的表面粗糙度；用环切法获得的表面粗糙度要好于行切法，但环切法需要逐次向外扩展轮廓线，刀位点计算稍微复杂一些。综合行切法和环切法的优点，采用综合法的进给路线，即先用行切法切去中间部分余量，最后用环切法切一刀，这样既能使总的进给路线较短，又能获得较好的表面粗糙度。

三、型腔铣削刀具选用

适合于型腔铣削的刀具有平头立铣刀、键槽铣刀，型腔的斜面、曲面区域要用 R 刀或球头刀加工。

型腔铣削时，立铣刀在封闭边界内进行加工，其加工方法受到内部轮廓结构特点的限制。立铣刀对内轮廓进行精铣削加工时，其刀具半径一定要小于零件内轮廓的最小曲率半径，刀具半径一般取内轮廓最小曲率半径的 80% ~ 90%。粗加工时，在不干涉内轮廓的前提下，应尽量选用直径较大的刀具，直径大的刀具比直径小的刀具抗弯强度大，加工中不易引起受力弯曲和振动。

在刀具切削刃（螺旋槽长度）满足最大深度的前提下，尽量缩短刀具从主轴伸出的长度和立铣刀从刀柄夹持工具工作部分中伸出的长度，随着立铣刀的长度增加，抗弯强度减小，受力弯曲程度增大，会影响加工的质量，并容易产生振动，加速切削刃的磨损。

四、型腔铣削用量

粗加工时，为了得到较高的切削效率，常选择较大的切削用量，但刀具的切削深度与

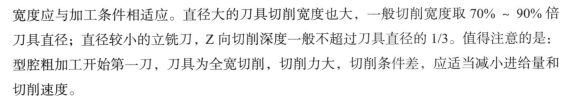

宽度应与加工条件相适应。直径大的刀具切削宽度也大，一般切削宽度取 70% ~ 90% 倍刀具直径；直径较小的立铣刀，Z 向切削深度一般不超过刀具直径的 1/3。值得注意的是：型腔粗加工开始第一刀，刀具为全宽切削，切削力大，切削条件差，应适当减小进给量和切削速度。

精加工时，为了保证加工质量，避免工艺系统受力变形和减小振动，精加工切深应小一些，一般在深度、宽度方向留 0.2 ~ 0.5 mm 余量进行精加工。精加工时，进给量大小主要受表面粗糙度要求限制，切削速度大小主要取决于刀具的耐用度。

第七节　典型零件数控铣削加工工艺设计与编程

一、典型零件的铣削工艺分析

一套配合零件，工件 1 为凹件，工件 2 为凸件。设已经在普通铣床上加工出外形尺寸分别为 160 mm × 120 mm × 12 mm 和 160 mm × 120 mm × 40 mm 的 45 钢板料，除上表面以外的其他平面均已加工，并符合尺寸与表面粗糙度要求。现要按图样要求在数控铣床或加工中心上完成配合零件凹凸配合结构的加工，并合理制订工艺方案、编写数控加工程序。

（一）加工内容、要求分析

配合零件两处凹凸配合面的尺寸精度、表面粗糙度值要求较高，如 ϕ12H7 孔、ϕ38H7 孔尺寸精度和表面粗糙度值要求较高。配合工件包含了平面、圆弧、内外轮廓、挖槽、钻孔、锁孔、铰孔，以及孔口倒圆曲面的加工，且大部分的尺寸均达到 IT8 ~ IT7 级精度。

（二）加工设备选用

1. 机床选择

选用 XK5034 型数控立式升降台铣床加工该配合零件。机床的数控系统为 FANUC 0i，主轴电动机容量为 4.0 kW，脉冲当量为 0.001 mm，定位精度为 ±0.02/300 mm，重复定位精度为 ±0.01 mm，工作台允许最大承载为 256 kg。选用该机床能够满足零件加工。

2. 装夹方案

工件 1、工件 2 都选用机用平口钳装夹，校正平口钳固定钳口，使之与工作台 X 轴移动方向平行。在工件下表面与平口钳之间放入精度较高的平行垫块（垫块厚度与宽度适当），利用木槌或铜棒敲击工件，使平行垫块不能移动后夹紧工件。

3. 对刀方案

设工件 1、工件 2 零点位于工件上表面的中心位置。以工件 1 为例，利用寻边器测量 X、Y 轴零点偏置值，X、Y 向通过零点偏置设定工件零点，Z 向通过长度补偿调整机床 Z0 与工件 Z0 差，操作时利用 Z 轴定位器设定。工件 2 找正方法与工件 1 类似。

加工工件 1、工件 2 时，对于同一把刀具仍调用相等的刀具长度与半径补偿值，但由于在 Z 方向工件 1、工件 2 的上表面高度位置不同，则两工件 Z0 有差距，可通过调整 Z 向零点偏置的方法解决。

4. 刀具的选择

选用 φ160 可转位铣刀加工平面，用 φ6 直柄麻花钻钻凹型腔及斜槽加工时立铣刀的 Z 向引入孔，分别用 φ14 三刃立铣刀、φ14 四刃立铣刀粗、精加工凹凸配合面，分别用 φ3 中心钻、φ11.8 麻花钻和 φ12 机用铰刀加工 φ12H7 孔，分别用 φ35 麻花钻、φ37.5 粗镗刀和 φ38 精镗刀加工 φ38 H7 孔。刀具清单见表 5-3。

表 5-3　刀具清单

序　号	刀　号	规　格
1	T1	φ160 端铣刀（10 个刀片）
2	T2	φ6 直柄麻花钻
3	T3	φ14 粗齿三刃立铣刀
4	T4	φ14 细齿四刃立铣刀
5	T5	φ3 中心钻
6	T6	φ11.8 直柄麻花钻
7	T7	φ12 机用铰刀
8	T8	φ35 锥柄麻花钻
9	T9	φ37.5 粗镗刀
10	T10	φ38 精镗刀

（三）加工过程设计

首先，根据图样要求加工工件 1，然后加工工件 2。工件 2 加工完成后必须在拆卸之前与工件 1 进行配合，若间隙偏小，可改变刀具半径补偿，将轮廓进行再次加工，直至配合情况良好后取下工件 2。

根据零件图样要求给出工件 1 的加工工序为：

1. φ160 可转位铣刀铣削平面，保证尺寸 10 mm。

2. φ16 直柄麻花钻钻两工艺孔，作为凹型腔、斜槽加工时立铣刀的 Z 向引入孔。

3. φ14 三刃立铣刀粗加工凹型腔、斜槽（落料）。

4. 选用 φ14 四刃立铣刀精加工凹型腔、斜槽。

5. 选用 φ3 中心钻钻引正孔。

6. 钻孔加工，选用 φ11.8 直柄麻花钻。

7. 铰孔加工，选用 φ12 机用铰刀。

工件 2 的加工工序为：

1. 选用 φ160 可转位铣刀铣削平面，保证尺寸 35 mm。

2. 粗加工两外轮廓，选用 φ14 三刃立铣刀。

3. 选用 φ14 三刃立铣刀铣削边角料。

4. 选用 φ11.8 直柄麻花钻钻中间位置孔。

5. 选用 φ35 锥柄麻花钻扩中间位置孔。

6. 选用 φ14 四刃立铣刀精加工两外轮廓。

7. 选用 φ14 四刃立铣刀加工键形凸台表面。

8. 选用 φ37.5 粗镗刀粗镗孔。

9. 选用 φ38 精镗刀精镗孔。

10. 选用 φ3 中心钻钻引正孔。

11. 选用 φ11.8 直柄麻花钻钻孔加工。

12. 选用 φ12 机用铰刀铰孔加工。

13. 选用 φ14 四刃立铣刀铣孔 R8 圆角。

二、编写加工程序

设工件对称中心处为工件编程 X、Y 轴原点坐标，Z 轴原点坐标在工件上表面，主要加工程序如下：

1. φ160 粗、精铣定位平面加工程序。

采用平口钳装夹，用 φ160 平面端铣刀，起刀点坐标为（X180，Y-10），终点坐标为（X-180，Y-10），粗、精加工程序见表 5-4。

2. 凹型腔前钻两工艺孔加工程序（表 5-5）。

3. 凹型腔、斜槽粗加工程序（表 5-6）。

4. 凹型腔、斜槽精加工程序（表 5-7）。

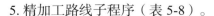

5. 精加工路线子程序（表 5-8）。

斜槽轮廓可看成水平槽旋转 50° 而成，斜槽的精加工运用了编程坐标系旋转指令。

表 5-4　φ160 粗、精铣定位面加工程序

06901；	X180；
G21 G17 G40 G94 G49 G80；	M00；测量，调整半径和长度补偿器
G90 G54 G00 X180 Y-10；	M03 S300；
S200 M03；	Z0；
G43 Z20 H01；	X-180 F300；
G00 Z0.5 M08；	G00 Z20 M09；
X-180 F300；	G49 G28 Z200 M05；
G0 Z20；	M30；

表 5-5　凹型腔前钻两工艺孔加工程序

06902；（T02-φ16 钻头）	G00 Z5；
G21 G90 G54 G40 G80 G49 G94；	G00 X-47 Y45；
G00 X0 Y30 M03 S500；	G01 Z-15 F50；
G00 G43 Z20 H2；	G00 Z5；
G00 Z5；	G49 G28 M05；
G01 Z-15 F50；	M30；

表 5-6　凹型腔、斜槽粗加工程序

06903；（T02-φ14 三刃立铣刀）	G00 Z5；
G21 G90 G54 G40 G80 G49 G94；	G0 X-47 Y45；
M03 S500；	G01 Z-10.5 F40；
G00 G43 Z20 H3；	D3 F80 M98 P2；调用斜槽轮廓加工子程序 00002，D3=7.5，留 0.5 精加工余量
G0 X0 Y30 M07；	G0 Z150 M09；
G00 Z-10.5；	M05；
D3 F80 M98 P1；调用凹型腔轮廓加工子程序 00001，D3=7.5，留 0.5 精加工余量	M30；

表 5-7　凹型腔、斜槽精加工程序

P6904；（T04-φ12 四刃立铣刀）	G00 Z5；
G21 G90 G54 G40 G80 G49 G94；	X-47 Y45；
M03 S800 F100；	Z-10.5；
G00 G43 Z150 H4；	D4 F100 M98 P2；调用斜槽轮廓加工子程序 00002，D4=6
X0 Y30 M07；	G00 Z150 M09；
Z-10.5；	M05；
D4 F100 M98 P1；调用凹型腔轮廓加工子程序 00001，D4=6	M30；

表 5-8　精加工路线子程序

00001；（凹型腔精加工路线子程序）	00002；（斜槽的精加工路线子程序）
G41 G1 X8，Y32，；→ P	G52 X-47 Y45；
G03 X0 Y40 R8；圆弧切入轮廓	G68 X0 Y0 R50；
G01 X-13.38 Y40；→ *1	G01 G01 X8 Y2；
G03 X-20.09 Y36 R8；→ *2	G03 X0 Y10 R8；
G01 X-48.928 Y-13.569；→ *3	G01 X-30 Y10；
G03 X-50 Y-17.569 R8；→ *4	G03 Y-10 R10；
G01 Y-32；→ *5	G01 X0；
G03 X-42 Y-40 R8；→ *6	G03 X0 Y10 R10；
G01 X42；→ *7	G03 X-8 Y2 R8；
G03 X50 Y-32 R8；→ *8	G40 X0 Y0；
G01 Y-23.664；→ *9	G69；
G03 X47.576 Y-17.928 R8；→ *10	G52 X0 Y0；
G02 Y17.928 R28；→ *11	M99；
G03 X50 Y23.664 R8；→ *12	
G01 Y32；→ *13	
G03 X42 Y40 R8；→ *14	
G01 X0；→轮廓切出点	
G03 X-8 Y32 R8；→ *Q	
G40 X0 Y30；→ *S	
M99；	

第六章 数控线切割加工工艺与编程

第一节 线切割机床概述

一、文明生产和安全操作注意事项

1. 操作者必须熟悉数控电火花线切割机床的操作技术，开机前应按设备润滑要求，对机床有关部位注润滑油（润滑油必须符合机床说明书的要求）。

2. 操作者必须熟悉数控电火花线切割加工工艺，恰当地选取加工参数，按规定操作顺序操作，防止造成断丝等故障。

3. 用手摇柄操作储丝筒后，应及时将摇柄拔出，防止储丝筒转动时将摇柄甩出伤人。装卸电极丝时，注意防止电极丝扎手。换下来的废丝要放在规定的容器内，防止混入电路和走丝系统中造成电器短路、触电和断丝等事故发生。注意防止因储丝筒惯性造成断丝及传动件碰撞。为此，停机时，要在储丝筒刚换向后尽快按下停止按钮。

二、线切割机床的结构

线切割机床按控制方式可分为靠模仿型机控制、光电跟踪控制、数字程序控制、微机控制等，按走丝速度可分为低速走丝方式（俗称慢走丝）和高速走丝方式（俗称快走丝）。

（一）快走丝线切割机床的结构与特点

快走丝线切割机床一般采用 0.08 ~ 0.2 mm 的铜丝作为工具电极，而且是双向往返运行，电极丝可多次使用，直至断丝为止。

1. 控制柜

控制柜装有控制系统和自动编程系统，控制系统是数控线切割机床的中枢，它由脉冲电源、输入 / 输出连接线、控制器、运算器和存储器等组成。

2. 机床主体

机床主机主要包括床身、坐标工作台、走丝系统和工作液循环系统四部分。

机床床身通常采用箱式结构的铸铁件，它是坐标工作台、走丝系统和工件等的支撑和固定基础。线切割机床的坐标工作台是指在水平面上沿着 X 轴和 Y 轴两个坐标方向移动，用于装夹摆放工件的"平台"。坐标工作台在 X 轴和 Y 轴两个方向的移动是由两个受控的步进电动机或伺服电动机驱动的。控制系统每发出一个进给信号，步进电动机或伺服电动机就转动一定角位移，经过减速，带动丝杆旋转，使工作台前进或后退。走丝系统主要由电极丝、线架、储丝筒、导轮部件、张力装置、导电块、电动机等组成。线切割走丝系统的作用是使电极丝具有一定的张力和直线度，以给定的速度稳定运动并传递给定的电能。

电极丝是线切割时用来导电放电的金属丝，线架与运丝机构一起构成电极丝的运动系统。它的功能主要是对电极丝起支撑作用，并使电极丝工作部分与工作台平面保持一定的几何角度，以满足各种工件（如带锥工件）加工的需要。导轮部件是确定电极丝直线位置的部件，主要由导轮、轴承和调整座组成。

储丝筒一般用轻金属材料制成，兼有收、放丝卷筒的功能。工作时，将电极丝的一端头固定在储丝筒的一端柱面上，然后按一个方向有序地、密排地在储丝筒上缠绕一层，将电极丝的另一端头穿过整个走丝系统，回到储丝筒，按缠绕方向将电极丝头固定在储丝筒的另一端柱面上。

为保证线切割加工过程中，脉冲放电过程能稳定且顺利地进行，加工区域必须充分、连续地提供清洁的工作液，因而须设置工作液循环系统。工作液循环系统一般由液箱、工作液泵、过滤器、管道、流量控制阀等组成。

快走丝线切割机床结构简单，价格便宜，加工生产率较高。目前快走丝线切割加工机床能达到的加工精度为 ±0.01 mm，切割速度可达 50 mm²/min，切割厚度与机床的结构参数有关，最大可达 500 mm。

（二）慢走丝线切割机床的结构与特点

慢走丝线切割机床采用直径为 0.03 ~ 0.35 mm 的铜丝作为电极。机床能自动穿电极丝和自动卸除加工废料，自动化程度高，能实现无人操作加工，加工精度可达 ±0.001 mm。

电极丝绕线管插入绕线轴，经长导丝轮到张力轮、压紧轮和张力传感器，再到自动接线装置，然后进入上部导丝器、加工区和下部导丝器，使电极丝能保持精确定位；再经过排丝轮，使电极丝以恒定张力、恒定速度运行，废丝切断装置把废丝切碎送进废丝箱，完成整个走丝过程。

三、线切割加工的应用

线切割加工为新产品的试制、精密零件及模具的制造开辟了一条新的工艺途径，具体应用有以下四方面：

1.模具制造适合于加工各种形状的冲裁模，一次编程后通过调整不同的间隙补偿量，就可以切割出凸模、凹模、凸模固定板、凹模固定板和卸料板等，模具的配合间隙、加工精度通常都能达到要求。此外，电火花线切割还可以加工粉末冶金模、电动机转子模、级进模、弯曲模、塑压模等各种类型的模具。

2.电火花成型加工用的电极。一般穿孔加工用的电极以及带锥度型腔加工用的电极，若采用银钨、铜钨合金之类的材料，用线切割加工特别经济，同时也可加工微细、形状复杂的电极。

3.新产品试制。在试制新产品时，用线切割在坯料上直接切割出零件，由于不需要另行制造模具，可大大缩短制造周期，降低成本。

4.加工特殊材料零件。电火花线切割加工薄件时可多片叠加在一起加工；在零件制造方面，可用于加工品种多、数量少的零件，还可加工除不通孔以外的其他难加工的金属零件，如凸轮、样板、成型刀具、异型槽和窄缝等。

四、线切割机床的操作

（一）按键功能简介

线切割机床的按键集中在手控盒和电器控制柜上。

1.手控盒按键功能

手控盒按键功能如图 6-1 所示。

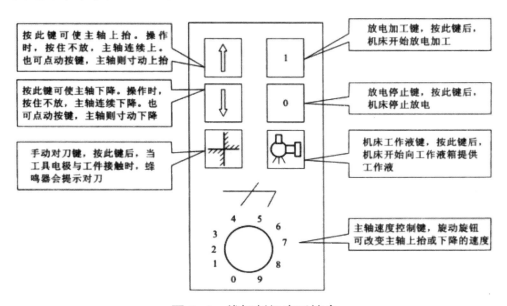

图 6-1　线切割机床手控盒

2. 电器控制柜面板按键功能

电器控制柜面板如图 6-2 所示。

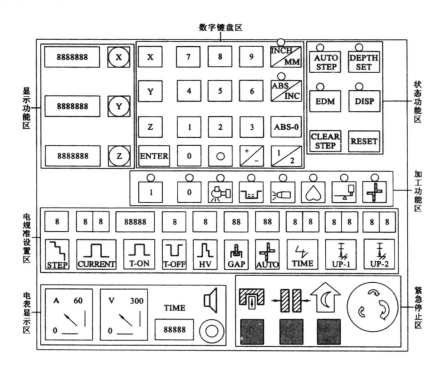

图 6-2　电器控制柜面板图

图 6-3 所示是电器控制柜面板显示功能区及其功能。显示功能区有两种显示情况：一种是在 DISP 状态下，显示 X、Y 和 Z 轴的坐标位置；另一种是在 EDM 状态下显示目标加工深度、当前加工深度和瞬时加工深度。

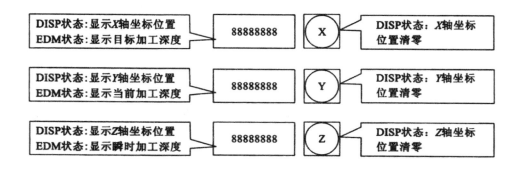

图 6-3　电器控制柜面板显示功能区及其功能

图 6-4 所示为电器控制柜面板的数字键盘区各按键的功能。

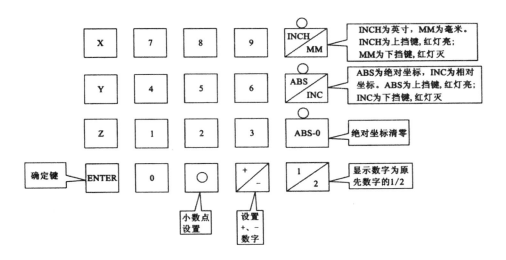

图 6-4　电器控制柜面板的数字键盘区

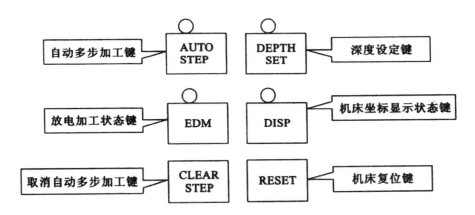

图 6-5　电器控制柜面板的状态功能区

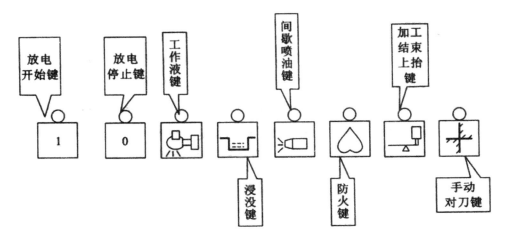

图 6-6　电器控制柜面板的加工功能区

电器控制柜面板的电规准设置区及各按键功能如图 6-7 所示。

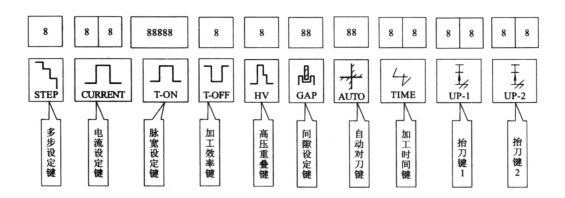

图 6-7　电器控制柜面板的电规准设置区

电器控制柜面板的电表显示区及各按键功能如图 6-8 所示。

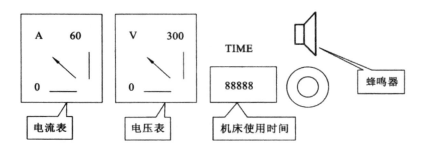

图 6-8　电器控制柜面板的电表显示区

电器控制柜面板的紧急停止区及各按键功能如图 6-9 所示。

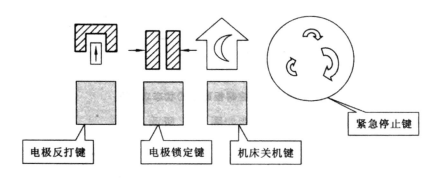

图 6-9　电器控制柜面板的紧急停止区

（二）线切割机床的手动操作

数控线切割机床的人—机交互界面多配置有手动操作功能页面，可以利用手控盒或

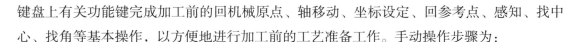

键盘上有关功能键完成加工前的回机械原点、轴移动、坐标设定、回参考点、感知、找中心、找角等基本操作，以方便地进行加工前的工艺准备工作。手动操作步骤为：

1. 开机。

2. 接通机床与数控系统电源。

3. 使机床坐标轴回到机械坐标系的原点。

4. 进行坐标系的选择，以方便对工件进行多方位加工。

5. 使某一个或某几个坐标轴按选定的点动速度移动。

6. 使某一个或某几个坐标轴根据输入坐标数值移动到给定点处。

7. 将当前坐标点设置为当前坐标系的零点或者任意值。

8. 使某一个或某几个坐标轴回到当前坐标系的零点。

9. 让电极和工件接触，以便定位。

10. 自动确定工件在 X 向或 Y 向上的中心。

11. 自动测定工件拐角。

12. 关断机床及数控系统电源。

（三）加工准备

1. 上丝与穿丝操作

快走丝线切割机床的上丝操作：上丝的过程是将电极丝从丝盘绕到快走丝线切割机床储丝筒上的过程。具体操作步骤为：

①启动储丝筒运转开关 SB2，把储丝筒移动至右端极限位置。

②把钼丝盘装到上丝盘上，接通上丝电动机电源，将钼丝顺次绕过张紧机构上面的两个辅助导轮，压紧在储丝筒的左端。

③打开上丝电动机起停开关，此时钼丝被张紧，按电极丝直径调整上丝电动机电压调节按钮，调整张力。

④此时撞块压下右边的行程限位开关，启动储丝筒运转开关 SB2，储丝筒向左移动，把电极丝上到储丝筒上，当储丝筒移动到左端极限位置前一段距离时，及时按储丝筒停止开关，停住储丝筒。

⑤剪断电极丝，把丝头压紧在储丝筒右端，并取下钼丝盘。

⑥调节储丝筒下面的两个换向开关，保证储丝筒轴向行走的行程在丝长范围内，以防因惯性而拉断钼丝。绕丝时，钼丝应尽量置于储丝筒的中间部位，并注意不能出现叠丝现象。

快走丝线切割机床的穿丝操作：

①拆下储丝筒旁和上丝架上方的防护罩。

②张紧机构锁紧在右端位置（不起张紧作用）。

③将套筒扳手套在储丝筒的转轴上，转动储丝筒，使储丝筒上的钼丝重新绕排至右侧压丝的螺钉处，用十字螺丝刀旋松储丝筒上的十字螺钉，拆下钼丝。

④将钼丝从下丝架处的挡块穿过，到下导轮的 V 形槽，再穿过工件上的穿丝孔，到上导轮的 V 形槽，到上丝架的导向轮，最后绕到储丝筒上的十字螺钉，用十字螺丝刀旋紧。

⑤旋松右挡块的螺母，用套筒扳手旋转储丝筒，将钼丝反绕一段后，再旋紧右挡块螺母使右挡块压到右侧的限位开关，确保运丝电动机工作时带动储丝筒反转。左侧挡块的调节也如此操作，以确保储丝筒在左、右两个挡块之间反复正反转。

⑥手动钼丝，观察钼丝的张紧程度。特别是钼丝在切割工件后，钼丝会松，必须进行张紧。钼丝张紧调节可使用张紧轮，将钼丝收紧；也有在机床丝架立柱处悬挂配重的。

⑦装上储丝筒旁和上丝架上方的防护罩，穿丝完毕。

⑧按下电器控制柜上的绿色按钮，再按"ENTER"键，机床重新上电，工作台将由步进电动机驱动。

⑨机床在主菜单界面下，按 F3（测试）键，进入测试过程，此时运丝电动机启动，钼丝往复运行，观察穿丝是否正常。

2.定位电极的装夹与校正

电极的装夹方式有自动装夹和手动装夹两种方式，见表 6-1。

表 6-1 电极的装夹方式

装夹方式	说　明	应用特点
自动装夹	电极的自动装夹是先进数控电火花加工机床的一项自动功能。它是通过机床的电极自动交换装置（ATC）和配套使用电极专用夹具来完成电极换装的。所有电极由机械手按预定的指令程序自动更换，加工前只须将电极装入 ATC 刀架，加工中即可实现自动换装	减少了加工等待工时，使整个加工周期缩短，但配件的价格昂贵
手动装夹	电极的手动装夹是指使用通用的电极夹具，由人工完成电极装夹的操作	装夹校正时间长，但大多数企业仍采用

由于在实际加工中碰到的电极形状各不相同，加工要求也不一样，因此使用的电极夹具也不相同。常用装夹方法有下面几种：

小型的整体式电极多数采用通用夹具直接装夹在机床主轴下端，采用标准套筒、钻夹头装夹；对于有些电极，常将电极通过螺纹连接直接装夹在夹具上。

　　镶拼式电极的装夹比较复杂，一般先用连接板将几块电极拼接成所需的整体，然后再用机械固定；也可用聚氯乙烯醋酸溶液或环氧树脂黏合。在拼接中各接合面须平整密合，然后再将连接板连同电极一起装夹在电极柄上。

　　电极装夹好后，必须进行校正才能用于加工。不仅要调节电极与工件基准面垂直，而且须在水平面内调节，转动一个角度，使工具电极的截面形状与将要加工的工件型孔或型腔定位的位置一致。电极的校正主要靠调节电极夹头的相应螺钉。

　　电极的校正方式有自然校正和人工校正两种方式。自然校正是指利用快速装夹定位系统（EROWA、3R）来保证电极与机床的正确位置关系的一种方式；人工校正一般以工作台面的 X、Y 水平方向为基准，用百分表、千分表、量规或角尺在电极横纵两个方向做垂直校正或水平校正，以及电极工艺基准与机床 X、Y 轴平行度的校正。为了提高效率，近年来，很多电火花线切割机床采用高精度的定位夹具系统以实现电极的快速装夹与校正。但是，当电极外形不规范、无直壁等情况下就需要辅助基准。一般常用的电极校正方法见表 6-2。

表 6-2　常用的电极校正方法

校正方法	说　　明
侧面校正	当电极侧面直壁面较高时，可将千分表或百分表顶压在电极的两个垂直侧壁基准面上，校正 X、Y 方向的垂直度
固定板基准校正	在制造电极时，电极轴线必须与电极固定板基准面垂直，校正时用百分表保证固定板基准面与工作台面平行
对中显微镜校正	将电极夹紧后，把对中显微镜放在工作台面上，物镜对准电极，按规定距离从显微镜观察电极影像，调整校正板架上的螺钉，使电极影像分别与板上十字线的竖线重合，即说明电极获得校正
重复精度要求的校正	采用分解电极技术或多电极加工同一型腔时，要求电极的装夹有一定的重复精度，否则重合不上，造成废品。如采用燕尾槽式夹头和定位销的两类封装夹具

　　在对电极的水平与垂直校正之后，往往在最后紧固时使电极发生错位、移动，造成加工时产生废品。因此，紧固后还要复核校正、检查几次，甚至在加工开始之后，还须停机检查一下是否装夹牢固、校正无误。

　　电极相对工件定位是指将已安装校正好的电极对准工件上的加工位置，以保证加工的孔或型腔在工件上的位置精度。建立电极相对工件定位，一般利用坐标工作台纵、横坐标方向的移动和电极与工件基准之间的角向转动来实现。角向转动多由设在机床主轴头上的角度调节装置完成。确定电极与工件初始坐标位置的方法见表 6-3。

表 6-3　确定电极与工件初始坐标位置的方法

对正方法	说　明
千分表比较法	将两个千分表装在表架上，利用角尺将其同时校零后，使下面的千分表靠上工件侧面至其指示为"0"，表明电极与工件侧面处于同一垂直平面。根据电极和工件的相对位置要求，移动工作台实现对正，适用于工件和电极都有垂直基准面的加工
线对正法	当电极端面或侧面为非平面且轮廓形状较为复杂时，可将型腔轮廓准确地画在工件表面上，利用直角尺靠在电极轮廓边缘各点上，不断移动工作台，使之与工件轮廓线各点对应，实现工件和电极的对正。此法简便易行，但因为靠目测，适用于对加工精度尺寸要求不高的型腔
导向法	将电极通过固定板固定在主轴头的基面上，固定板和工件上均有导向孔，用导柱将工件和固定板穿在一起，即可实现电极和工件的定位，再将工件固定，升起主轴，拔除导柱，便可加工。其加工精度取决于导柱孔和导柱的加工精度
定位板对正法	电极侧面为曲面时，在电极固定板上安装两块平直的定位板，工件上也加一对定位基准面，将定位基准面和相应定位板轻轻贴紧后用压板压紧工件，卸去定位板即可进行放电加工
定位盖对正法	适合工件和电极外形均为圆形的情况下，制造一个定位盖，其内径与工件外径形成小间隙配合，盖中间加工一个内径与工具电极外径相配合的孔，保证电极顺利进入，达到工件和电极对正的目的。加工时卸去，将工件压装好即可

3. 电极丝的垂直校正与定位

采用钼丝垂直校正器找正电极丝垂直时，其操作步骤为：

①将钼丝垂直校正器放置在工作台上。

②转动 X 轴方向手轮，移动工作台，将铜丝垂直校正器轻轻接触电极丝，观察钼丝垂直校正器的两个指示灯，若上灯亮，说明电极丝与钼丝垂直校正器的上端先接触，旋转上丝架上的 X 轴方向调节旋钮，使红灯灭。再慢慢转动手轮，将钼丝垂直校正器再与电极丝轻轻接触，直到钼丝垂直校正器上下两个灯均亮，X 轴方向电极丝垂直找正完毕。

③Y 轴方向的电极丝垂直找正方法与 X 轴方向的相同。

采用放电火花找正电极丝垂直时，其操作步骤为：

①转动机床电器控制柜的电源总开关，按下开机按钮，启动机床控制系统。

②机床显示器上出现"WELCOME BACK"欢迎画面，按任意键后进入主菜单界面。

③按下"机床电器"（绿色）按钮后，再按回车键（ENTER），机床准备工作完成。若按了"急停"按钮，则"机床电器"按钮将失去作用，机床也无法正常使用。必须先解

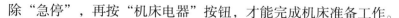

除"急停"，再按"机床电器"按钮，才能完成机床准备工作。

④在机床的主菜单界面下，按 F3（测试）键进入"测试"子菜单。

⑤在"测试"子菜单中，按 F1（开泵）键，打开冷却液泵，按 F3（高运丝）键，储丝筒高速旋转，电极丝往复运行。

⑥在"测试"子菜单中，按 F7（电源）键进入"电源"子菜单，同时，装在 X 轴和 Y 轴手轮上的步进电动机失电，操作者可以以转动手轮的手动方式移动工作台。注意：在正常的线切割加工中，工作台的移动是靠步进电动机驱动的，手轮无法转动。

⑦在"电源"子菜单中，按 F7（测试）键，手动转动 X 轴方向的手轮，使电极丝轻触工件，观察放电火花，应使放电火花在工件的 X 轴方向的端面上均匀。不均匀时，可调节上丝架上的 X 轴方向调节旋钮。

⑧再次转动 Y 轴方向手轮，移动工作台，使电极丝沿 Y 轴方向轻触工件，观察放电火花。应使放电火花在工件 Y 轴方向的端面上均匀。不均匀时，可调节上丝架上的 Y 轴方向调节旋钮。X 轴方向和 Y 轴方向调节完毕后，按 F8 键返回"电源"子菜单。再次按 F8 键，返回"测试"子菜单。

⑨在"测试"子菜单中，按 F2（关泵）键关闭冷却液，再按 F5 键关闭运丝电动机，之后按 F8（退出）键返回机床主菜单界面。再按关机按钮，关闭控制系统，再旋转总电源开关，关闭机床。

对加工要求较低的工件，可直接利用工件上的有关基准线或基准面，沿某一轴向移动工作台，借助于目测或 2 ~ 8 倍的放大镜，在确认电极丝与工件基准面接触或使电极丝中心与基准线重合后，记下电极丝中心的坐标值，再以此为依据推算出电极丝中心与加工起点之间的相对距离，将电极丝移动到加工起点上。

很多情况下采用火花法，即利用电极丝与工件在一定间隙下发生火花放电来确定电极丝的坐标位置，操作方法与对电极丝进行垂直度校正基本相同。调整时，移动工作台，使电极丝逐渐逼近工件的基准面，待出现微弱火花的瞬间，记下电极丝中心的坐标值，再利用电极丝半径值和放电间隙来推算电极丝中心与加工起点之间的相对距离，最后将电极丝移动到加工起点。

此法简便易行，但因电极丝靠近基准面开始产生脉冲放电的距离往往并非正常切割时的放电间隙，且电极丝运转时易抖动，从而会出现误差；同时，火花放电会使工件的基准面受到损伤。

有时也采用接触感知法。利用机床的接触感知功能来进行电极丝定位最为方便。

首先启动 X（或 Y）方向接触感知，使电极丝朝工件基准面运动并感知到基准面，记下该点坐标，据此算出加工起点的 X（或 Y）坐标；再用同样的方法得到加工起点的 Y（或 X）坐标，最后将电极丝移动到加工起点。

基于接触感知，还可以实现自动找中心功能，即让工件孔中的电极丝自动校正后停止在孔中心处实现定位。具体方法为：横向移动工作台，使电极丝与一侧孔壁相接触，记下坐标值 X_1，反向移动工作台至孔壁另一侧，记下相应坐标值 X_2；同理，也可以得到 Y_1 和 Y_2，则基准孔中心的坐标位置为 $[(|X_1|+|X_2|)/2，(|Y_1|+|Y_2|)/2]$，将电极丝中心移至该位置即可定位。

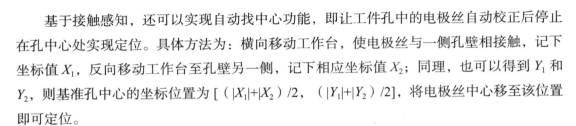

第二节　数控线切割编程

数控线切割程序编制的方法有手工编程和自动编程（本文只介绍手工编程方法）。我国数控线切割机床常用的手工编程的程序格式为 3B、4B 和 ISO 等。

一、3B 格式程序编制

（一）程序格式与编程方法

3B 代码编程格式是数控线切割机床上最常用的程序格式，在该程序格式中无间隙补偿，但可通过机床的数控装置或一些自动编程软件，自动实现间隙补偿。

1. 坐标系与坐标 X、Y 值的确定

平面坐标系规定面对机床操作台，工作台平面为坐标系平面，左右方向为 X 轴，且右方向为正；前后方向为 Y 轴，前方为正。编程时，采用相对坐标系，即坐标系的原点随程序段的不同而变化。加工直线时，以该直线的起点为坐标系的原点，X、Y 值取该直线终点的坐标值；加工圆弧时，以该圆弧的圆心为坐标系的原点，X、Y 值取该圆弧起点的坐标值，单位为 μm。坐标值的负号不写。对于与坐标轴重合的线段，在其程序中 X 和 Y 值均不必写出。

2. 计数方向 G 的确定

不管是加工直线还是加工圆弧，计数方向均按终点的位置来确定。加工直线时，终点靠近哪个轴，则计数方向取哪个轴，加工与坐标轴成 45° 角的线段时，计数方向取 X、Y 轴均可，记作 GX 或 GY；加工圆弧时，终点靠近哪个轴，则计数方向取另一轴，加工圆弧的终点与坐标轴成 45° 角时，计数方向取 X、Y 轴均可，记作 GX 或 GY。

3. 计数长度 J 的确定

计数长度是在计数方向的基础上确定的。计数长度是被加工的直线或圆弧在计数方向坐标轴上投影的绝对值总和，其单位为 μm。

4. 加工指令 Z 的确定

加工直线时有四种加工指令：L1、L2、L3、L4。当直线在第一象限（包括 X 轴，不包括 Y 轴）时，加工指令记作 L1；当直线在第二象限（包括 Y 轴，不包括 X 轴）时，记作 L2；L3、L4 依此类推。

加工顺时针圆弧时有四种加工指令：SR1、SR2、SR3、SR4。当圆弧的起点在第一象限（包括 Y 轴，不包括 X 轴）时，加工指令记作 SR1；当起点在第二象限（包括 X 轴，不包括 Y 轴）时，加工指令记作 SR2；SR3、SR4 依此类推。

加工逆时针圆弧时有四种加工指令：NR1、NR2、NR3、NR4。当圆弧的起点在第一象限（包括 X 轴，不包括 V 轴）时，加工指令记作 NR1；当起点在第二象限（包括 Y 轴，不包括 X 轴）时，加工指令记作 NR2；NR3、NR4 依此类推。

（二）间隙补偿

线切割数控机床在实际加工中是通过控制电极丝的中心轨迹来加工的，在数控线切割机床上，电极丝的中心轨迹和图样上工件轮廓之间差别的补偿称为间隙补偿，间隙补偿分编程补偿和自动补偿两种方式。

1. 编程补偿法

加工凸模类工件时，电极丝中心运动轨迹应在所加工图形的外面；加工凹模类工件时，电极丝中心运动轨迹应在所加工图形的里面。所加工工件图形与电极丝中心运动轨迹间的距离，在圆弧的半径方向和线段垂直方向都等于间隙补偿量 f。

间隙补偿量的正负可根据在电极丝中心运动轨迹图形中圆弧半径及直线段法线长度的变化情况来确定。对圆弧，用于修正圆弧半径 r；对直线段，用于修正其法线长度 p。对于圆弧，当考虑电极丝中心运动轨迹后，其圆弧半径比原图形半径增大时，取 $+f$；减小时，则取 $-f$。

2. 自动补偿法

加工前，将间隙补偿量 f 输入机床的数控装置。编程时，按图样的名义尺寸编制线切割程序，间隙补偿量 f 不在程序段尺寸中，图形上所有非光滑连接处应加过渡圆弧修饰，使图形中不出现尖角，过渡圆弧的半径必须大于补偿量，以保证在加工时，数控装置能自动将过渡圆弧处增大或减小一个 f 的距离实行补偿，而直线段保持不变。

二、4B 格式程序编制

为减少线切割加工编程工作量，目前已广泛应用带有间隙补偿功能的数控系统，这种数控系统根据工件图形的基本尺寸编制程序，能使电极丝相对于编程的图形自动向内或向外偏移一个补偿距离来完成切割加工。只要编制一个程序，便可加工出有配合关系的两个零件。

（一）间隙补偿原理

数控装置自动将圆弧半径增大或减小 ΔR 的插补运算称为偏移运算。下面以向外偏移为例，说明间隙补偿原理。

图 6-10 所示工件轮廓为圆弧 DE，其半径为 R。在加工时要使圆弧 DE 向外偏移一补偿值 ΔR，电极丝中心运动轨迹为圆弧 $D'E'$。根据几何关系可得：

$$\Delta X / X_o = DD' / OD = \Delta R / R$$

$$\Delta Y / Y_o = \Delta R / R$$

$$\Delta J / J_o = \Delta R / R$$

式中增量 $\Delta X = X_e - X_o$，$\Delta Y = Y_e - Y_o$，$\Delta J = J_e - J_o$。

根据以上式子，可逐点求出偏移后圆弧的起点坐标 X_e、Y_e 和投影长度的增量 J_i。如果从 D 点起逐点加入工作台的进给中去，并逐点进行偏差计算、偏差判别、进给和终点判别，到终点 D' 时偏差为零。此时 ΔX、ΔY 就是所要求的偏移量 ΔR 在 X、Y 轴上的增量，点 D' 的坐标值就是要求的偏移后的起点坐标。

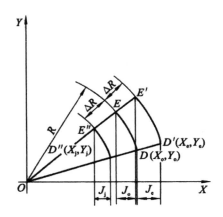

图 6-10　间隙自动补偿偏移原理

（二）间隙补偿切割加工程序格式

4B 的间隙补偿切割加工的程序格式比 3B 的多一个圆弧半径 R（数值码）和图形曲线形式的信息符号，须增加一个分隔符号，其程序格式为：

BX BY BJ BR G D（DD）Z

R 值为所要加工的圆弧半径，对于加工图形的尖角，一般取 $R=0.1$ mm 的过渡圆弧编程。D 代表凸圆弧，DD 代表凹圆弧。半径增大时为正补偿，减少时为负补偿。数控装置接收补偿信息后，能自动区别是正补偿偏移还是负补偿偏移。

三、ISO 指令程序编制

（一）ISO 指令

数控线切割机床常用的 ISO 指令见表 6-4。

表 6-4　数控线切割机床常用的 ISO 指令

指令	功　用	指令	功　用
G00	快速定位	G55	加工坐标系 2
G01	直线插补	G56	加工坐标系 3
G02	顺圆插补	G57	加工坐标系 4
G03	逆圆插补	G58	加工坐标系 5
G05	X 轴镜像	G59	加工坐标系 6
G06	Y 轴镜像	G80	接触感知
G07	X、Y 轴交换	G82	半程移动
G08	X、Y 轴镜像	G84	微弱放电校正电极丝
G09	X 轴镜像，X、Y 轴交换	G90	绝对尺寸
G10	Y 轴镜像，X、Y 轴交换	G91	增量尺寸
G11	X、Y 轴镜像，X、Y 轴交换	G92	定起点坐标
G12	消除镜像	M00	程序暂停
G40	取消半径补偿	M02	程序结束
G41	左偏半径补偿	M05	接触感知解除
G42	右偏半径补偿	M96	主程序调用文件程序（子程序调用）
G50	消除锥度	M97	主程序调用文件结束
G51	锥度左偏	W	下导轮到工作台面的高度
G52	锥度右偏	H	工件厚度
G54	加工坐标系 1	S	工作台面到上导轮的高度

（二）ISO 指令编程

1. 快速定位指令 G00

在机床不加工的情况下，G00 指令可使指定的某轴以最快速度移动到指定位置。其编程格式为：

G00 X-Y-；

2. 直线插补指令 G01

该指令可使机床在各个坐标平面内加工任意斜率直线轮廓和用直线段逼近曲线轮廓。其编程格式为：

G01 X-Y-；

现阶段，可加工锥度的线切割数控机床具有 X、Y 坐标轴及 U、V 附加轴工作台，其编程格式为：

G01 X-Y-U-V-；

3. 圆弧插补指令 G02/G03

G02 为顺时针圆弧插补指令，G03 为逆时针圆弧插补指令。指令编程格式为：

G02 X-Y-I-J-；/G03 X-Y-I-J-；

X、Y 取值分别为圆弧终点坐标，I、J 取值分别为圆心相对圆弧起点在 X、Y 方向的增量尺寸。

4. 指令 G90、G91、G92

G90 为绝对尺寸指令，表示该程序中的编程尺寸是按绝对尺寸给定的，即移动指令终点坐标值 X、Y 都是以工件坐标系原点（程序的零点）为基准来计算的。G91 为增量尺寸指令，该指令表示程序段中的编程尺寸是按增量尺寸给定的，即坐标值均以前一个坐标位置作为起点来计算下一点坐标位置值。3B、4B 程序格式均按此方法计算坐标点。G92 为定起点坐标指令，G92 指令中的坐标值为加工程序的起点坐标值。其编程格式为：

G92 X-Y-；

5. 镜像及交换指令

在加工零件时，常遇到零件上的加工要素是对称的，此时可用镜像或交换指令进行加工。

G05——X 轴镜像，函数关系式：X=-X。

G06——Y 轴镜像，函数关系式：Y=-Y。

G07——X、Y 轴交换，函数关系式：X=Y，Y=X。

G08——X 轴镜像，Y 轴镜像，函数关系式：X=-X，Y=-Y。即 G08=G05+G06。

G09——X 轴镜像，X、Y 轴交换，即 G09=G05+G07。

G10——Y 轴镜像，X、Y 轴交换，即 G10=G06+G07。

G11——X 轴镜像，Y 轴镜像，X、Y 轴交换。即 G11=G05+G06+G07。

G12——消除镜像。每个程序镜像结束后使用。

6. 丝半径补偿指令

G41 为左偏半径补偿指令，其编程格式为：

G41 D-；

G42 为右偏半径补偿指令，其编程格式为：

G42 D-；

D 表示半径补偿量。

7. 锥度加工指令 G50、G51、G52

锥度加工都是通过装在导轮部位的 U、V 附加轴工作台实现的。加工时，控制系统驱动 U、V 附加轴工作台，使上导轮相对于 X、Y 坐标轴工作台移动，以获得所要求的锥角。

G51 为锥度左偏指令，即沿走丝方向看，电极丝向左偏离。顺时针加工，锥度左偏加工的工件为上大下小，如图 6-11（a）所示；逆时针加工，左偏时工件上小下大，如图 6-11（b）所示。锥度左偏指令的编程格式为：

G51 A-；

G52 为锥度右偏指令，用此指令顺时针加工，工件上小下大，如图 6-11（c）所示；逆时针加工，工件上大下小，如图 6-11（d）所示。锥度右偏指令的编程格式为：

G52 A-；

A 为锥度值，G50 为取消锥度指令。

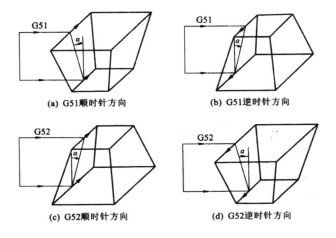

图 6-11　锥度加工指令

进行锥度线切割加工时，必须首先输入 S（上导轮中心到工作台面的距离）、W（工作台面到下导轮中心的距离）、H（工件厚度）等参数。

建立锥度加工（G51 或 G52）和退出锥度加工（G50）程序段必须是 G01 直线插补程序段，分别在进刀线和退刀线中完成。锥度加工的建立是从建立锥度加工直线插补程序段的起始点开始偏摆电极丝，到该程序段的终点时电极丝偏摆到指定的锥度值。锥度加工的退出是从退出锥度加工直线插补程序段的起始点开始偏摆电极丝，到该程序段的终点时电极丝摆回 0° 值（垂直状态）。

8. 加工坐标系 1 ~ 6 指令

多孔零件加工时，可以设定不同程序零点。利用 G54 ~ G59 建立不同的加工坐标系后，其坐标系原点（程序零点）可设在每个型孔便于编程的某一点上，建立这样的加工坐标系后，只须按选定的加工坐标系编程，可使尺寸计算简化，方便编程。

9. 手动操作指令 G80、G82、G84

G80——接触感知指令，使电极丝从现行位置接触到工件，然后停止。

G82——半程移动指令，使加工位置沿着指定坐标轴返回一半距离，即当前坐标系中坐标值一半的位置。

G84——校正电极丝指令，通过微弱放电校正电极丝与工作台面垂直，在加工前一般要先进行校正。

10. 辅助功能指令

M00——程序暂停，按"回车"键才能执行后面的程序。

M02——程序结束。

M05——接触感知解除。

M96——子程序调用。子程序调用格式为：

M96 SUB1.；（调用子程序 SUB1，后面要求加圆点）

M97——调用子程序结束。

T84——打开冷却泵。

T85——关闭冷却泵。

T86——启动走丝。

T87——关闭走丝。

第三节 数控线切割加工与编程

一、"8"字形凸、凹模零件加工与编程

（一）凸模加工编程

"8"字形凸模加工中心轨迹与坐标如图6-12所示，其间隙补偿是 $f_凸$ =0.065+0.01-0.01=0.065 mm。圆心 O_1 的坐标为（0，7），计算虚线上圆线相交点 A 的坐标为 $X_A = 3 + f_凸 = 3.065$ mm，$Y_A = 7 - \sqrt{(5.8 + 0.065)^2 - X_A^2} = 2$ mm。按对称性得其余各点坐标分别为： O_2（0，-7）， B（-3.065，2）， C（-3.065，-2）， D（3.065，-2）。加工时先用 L1 切进去 5 mm 至 b 点，沿凸模按逆时针方向切割回 b 点，再沿 L3 退回 5 mm，至起点，其加工程序见表 6-5。

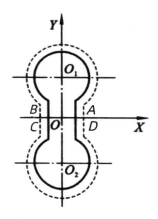

图6-12 "8"字形凸模加工中心轨迹与坐标

表6-5 "8"字形凸模加工程序（3B格式）

序号	B	X	B	Y	B	J	G	Z
1	B		B		B	5000	GX	L1
2	B		B		B	4000	GX	L4
3	B	3065	B	5000	B	17330	GX	NR2
4	B		B		B	4000	GX	L2
5	B	3065	B	5000	B	17330	GX	NR4
6	B		B		B	5000	GX	L3
7	D							

（二）凹模加工编程

"8"字形凹模加工中心轨迹与坐标如图 6-13 所示，其间隙补偿是 $f_{凹}$ =0.065+0.01=0.075 mm。圆心 O_1 的坐标为（0，7），虚线交点 A 的坐标为 $X_A = 3 - f_{凹} = 2.925$ mm，$Y_A = 7 - \sqrt{(5.8-0.075)^2 - X_A^2} = 2.079$ mm。按对称性得其余各点坐标分别为 O_2（0，-7），B（-2.925，2.079），C（-2.925，-2.079），D（2.925，-2.079）。其加工程序见表6-6。

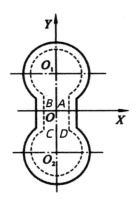

图 6-13   "8"字形凹模加工中心轨迹与坐标

表 6-6   "8"字形凹模加工程序（3B 格式）

序号	B	X	B	Y	B	J	G	Z
1	B	2925	B	2079	B	2925	GX	L1
2	B	2925	B	4921	B	17050	GX	NR4
3	B		B		B	4158	GY	L4
4	B	2925	B	4921	B	17050	GX	NR2
5	B		B		B	4158	GY	L2
6	B	2925	B	2079	B	2925	GX	L3
7	D							

二、型孔工件加工与编程

型孔工件切割时，电极丝直径为 0.12 mm，单边放电间隙为 0.01 mm。建立图 6-14 所示坐标系并计算出平均尺寸，补偿距离 M=0.12/2+0.01=0.07 mm。型孔工件切割加工顺序为 O→H→I→J→K→L→A→B→C→D→E→F→G→H→O。加工程序见表6-7。

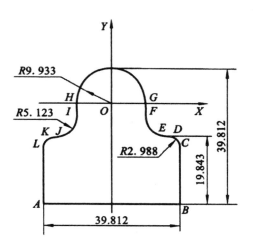

图 6-14 型孔工件加工坐标系

表 6-7 型孔工件加工程序（4B 格式）

序号	B	X	B	Y	B	J	B	R	G	D（DD）	Z	备注
1	B		B		B	009933	B		GX		L3	
2	B		B		B	004193	B		GY		L4	
3	B	5123	B		B	005123	B	005123	GX	DD	SR4	
4	B		B		B	001862	B		GX		L3	
5	B		B	2988	B	002988	B	002988	GY	D	NR2	
6	B		B		B	016755	B		GY		L4	
7	B	100	B		B	000100	B	000100	GX	D	NR3	过渡圆弧
8	B		B		B	039612	B		GX		L1	
9	B		B	100	B	000100	B	000100	GY	D	NR4	过渡圆弧
10	B		B		B	016755	B		GY		L2	
11	B	2988	B		B	002988	B	002988	GX	D	NR1	
12	B		B		B	001862	B		GX		L3	
13	B		B	5123	B	005123	B	005123	GY	DD	NR3	
14	B		B		B	004913	B		GY		L2	
15	B	9933	B		B	019866	B	009933	GY	D	NR1	
16	B		B		B	009933	B		GX		L1	引出
17										D		停机

参考文献

[1] 张勇，何瑞达.数控加工项目操作 [M].北京：北京理工大学出版社，2022.

[2] 武友德.模具数控加工技术（第 2 版）[M].北京：机械工业出版社，2022.

[3] 王时龙，李国龙，曹华军.高性能齿轮精密数控加工理论与技术 [M].北京：科学出版社，2022.

[4] 李彬文，陆晓，廖剑斌.数控编程与加工 [M].西安：西安交通大学出版社，2022.

[5] 韩军，常瑞丽.数控编程与加工技术 [M].北京：北京理工大学出版社，2022.

[6] 温法胜，朱小伟.数控铣削编程与加工 [M].北京：清华大学出版社，2022.

[7] 张淑玲，赵红美.数控编程与加工技术 [M].北京：北京理工大学出版社，2022.

[8] 周吉，金超焕，张敏.数控车床编程与加工 [M].北京：科学出版社，2022.

[9] 杨雨.CAD/CAM 数控铣削加工技术 [M].成都：西南交通大学出版社，2022.

[10] 杜军，李贞惠，唐万军.数控编程与加工从入门到精通 [M].北京：化学工业出版社，2022.

[11] 曾霞.数控编程与加工项目式教程 [M].北京：机械工业出版社，2022.

[12] 陈为国，陈昊.数控加工刀具应用指南 [M].北京：机械工业出版社，2021.

[13] 王明志，李秀艳.数控加工与编程技术 [M].北京：化学工业出版社，2021.

[14] 孙翰英，盛新勇，才智.数控加工编程与应用 [M].北京：清华大学出版社，2021.

[15] 刘蔡保.数控加工工艺（第 2 版）[M].北京：化学工业出版社，2021.

[16] 杨天云.数控加工工艺（第 2 版）[M].北京：清华大学出版社，2021.

[17] 郎一民.数控加工工艺（第 2 版）[M].北京：中国铁道出版社，2021.

[18] 陈月凤，王广勇.数控加工工艺与编程 [M].北京：北京理工大学出版社，2021.

[19] 陈洪涛.数控加工工艺与编程（第 4 版）[M].北京：高等教育出版社，2021.

[20] 李东君.数控加工一体化教程 [M].北京：北京理工大学出版社，2021.

[21] 刘兴良.数控加工技术 [M].西安：西安电子科学技术大学出版社，2020.

[22] 卢万强，饶小创.数控加工工艺与编程 [M].北京：机械工业出版社，2020.

[23] 封芳桂，杨彩红，何伟.数控车床加工与实训 [M].重庆：重庆大学出版社，2020.

[24] 刘光定.数控编程与加工技术（第 2 版）[M].重庆：重庆大学出版社，2020.

[25] 倪伟国.数控机床操作加工技术训练 [M].北京：北京理工大学出版社，2020.

[26] 李定群.数控车床编程与加工一体化教程 [M].重庆：重庆大学出版社，2020.

[27] 庄金雨 . 数控铣加工中心技术训练 [M]. 北京：北京理工大学出版社，2020.

[28] 孙金城，陈清奎，王全景 . 数控加工技术 [M]. 成都：电子科学技术大学出版社，2020.

[29] 陈佶 . 数控加工技术 [M]. 哈尔滨：哈尔滨工程大学出版社，2020.

[30] 熊志宏 . 模具数控加工技术 [M]. 长沙：湖南大学出版社，2020.

[31] 吴瑞莉 . 数控加工设备 [M]. 北京：机械工业出版社，2020.